热能工程专业实验实训教程

主　编　宋福元
副主编　杨龙滨　张国磊　孙宝芝
主　审　李彦军

哈尔滨工程大学出版社

内容简介

本书是高等院校能源与动力类及相关专业学生学习《锅炉原理》《热交换器原理与设计》《制冷工程》《空气调节》后必修的一门实验实训课程。本书以强化基础,突出能力培养,注重实用为原则,并且具有一定的深度。

本书包括锅炉原理综合实验、换热器综合性能实验、制冷技术实验、空调技术实验、常用热工仪器仪表的使用,热工设备及热力系统实训等内容。

本书可作为高等院校相关专业实验实训教材,也可供自学者和相关技术人员参考。

图书在版编目(CIP)数据

热能工程专业实验实训教程/宋福元主编. —哈尔滨:哈尔滨工程大学出版社,2012.4(2020.1 重印)

ISBN 978-7-5661-0340-6

Ⅰ. ①热… Ⅱ. ①宋… Ⅲ. ①热能-实验-高等学校-教材 Ⅳ. ①TK11-33

中国版本图书馆 CIP 数据核字(2012)第 058266 号

出版发行 哈尔滨工程大学出版社
社　　址 哈尔滨市南岗区南通大街 145 号
邮政编码 150001
发行电话 0451-82519328
传　　真 0451-82519699
经　　销 新华书店
印　　刷 北京中石油彩色印刷有限责任公司
开　　本 787mm×960mm 1/16
印　　张 11
字　　数 231 千字
版　　次 2012 年 5 月第 1 版
印　　次 2020 年 1 月第 2 次印刷
定　　价 24.00 元
http://www.hrbeupress.com
E-mail:heupress@hrbeu.edu.cn

前　言

实验教学是热能工程及相关专业方向的重要教学环节，它不仅帮助学生理解实验原理、熟练掌握实验方法，而且有助于提高学生学习基本理论的兴趣，同时在以后的工程实践中具有广泛地应用。掌握相关的实验原理、方法和技巧是该专业学生必备的基本知识。

本书在编写过程中吸取了北京航空航天大学、华北电力大学、天津商业大学等兄弟院校的实验教学经验，并结合了我院热能工程专业长期教学经验。本书编写的内容考虑以下方面：一方面是与锅炉原理、热交换器、制冷技术、空调工程等课程内容的相关性；另一方面是实际应用性，同时也考虑到对学生理论应用能力、动手能力、综合实践等能力的培养。

本书可作为本科、专科热能工程专业方向专业课的实验教材，同样也可作为建筑环境与设备工程、制冷空调等专业的实验教材，并可作为能源动力类技术工作者的入门参考书。

本书由宋福元任主编，杨龙滨、张国磊、孙宝芝任副主编。李彦军负责主审工作。陈跃进、李晓明参加了部分章节的编写工作，王乃义进行了通篇审核工作。

本书的编写得到哈尔滨工程大学动力学院副院长高峰、实验中心主任陆勇以及热能工程专业其他老师的大力支持，同时，参考或引用了国内一些专家学者的论著，在此谨表谢意。

编　者
2012 年 1 月于哈尔滨工程大学

目　　录

第1章　测量的基本知识

1.1　测量的基本概念

测量就是用实验的方法，把被测量与选定的测量单位进行比较，求取两者的比值，从而得到被测量的数值（比值乘以单位）。测量方法就是实现被测量与测量单位的比较，并给出比值的方法。

1.1.1　被测参数

我们称需要检测的物理量为被测量参数或被测量。在热能与动力工程的测量中，经常涉及到的被测参数有温度、压力、流量、转速、位移、扭矩、振动等。

按照被测量参数随时间变化的关系可将其分为静态参数与动态参数。

1. 静态参数

被测参数在整个测量过程中的数值大小不随时间变化的量称为静态参数。例如环境大气压力，压缩机及内燃机稳定工况下的转速等。严格地讲，这些参数的数值并非绝对恒定不变，只是随时间变化非常缓慢而已，在进行测量的时间间隔内其数值大小变化甚微。

2. 动态参数

随时间不断改变自身量值的被测量称为动态参数，例如非稳定工况或过渡过程的压缩机、内燃机的转速；机械设备的振动加速度、燃烧爆炸过程的压力波、加热及冷却过程的温度等，均属于动态参数。这些参数随时间变化的函数可以是周期函数、随机函数等。

1.1.2　测量过程

所谓测量过程，就是将被测物理参数信号转换成可供识别记录的物理量，并与相应的测量单位进行比较的过程。这种转换有机械量向机械量转换，机械量向电量转换，电量向电量转换等多种形式。例如弹簧管式压力表把压力变化转换成弹簧管变形的位移，测量过程中振动传感器将振动或位移信号转换成电信号，热电偶利用其热电效应把温度转换成电势信号等。

1.1.3 一次仪表和二次仪表

测量仪表根据其在测量过程中所起的作用不同而分为一次仪表和二次仪表。

传感器又称为一次仪表。一次仪表是在测量过程中直接感受被测参数并将其转换成某一信号(能量)的仪表。例如压力表中的弹簧管、热电偶测温仪表中的热电偶。

二次仪表是接受一次仪表的输出信号,并将其放大或转换成其他信号,最后显示出测量结果的仪表。如压力表中的杠杆传动机构、指针和标尺,热电偶测温仪表中的电位差计(或毫伏表)。

1.1.4 测量方法的分类

1. 按照获得测量参数结果的方法不同,通常把测量方法分为直接测量法和间接测量法

直接测量是指被测量数值可直接由测试设备上获得,而不需对所获值进行运算的测量。比如:用水银温度计测温,用万用电表测量电压、电流、电阻值等。

被测量的数值不能直接由测试设备上获得,而是通过测量得到的数值同被测量间的某种函数关系经运算而获得的这样一种测量叫间接测量。例如,对一台汽车发动机的输出功率进行测量时,总是先测出发动机转速 n 及输出扭矩 M,再由关系式 $N_C = K \times M \times n$,$K$ 为常数,计算出其功率值。

2. 测量仪表测量值的读出方式

测量仪表测量值的读出方式可分为直读法、零位法。

在直读法中,被测量的数值是用仪表指示件的位移量来表示的,如压力表的指针偏转表示了被测压力的大小;水银温度计的液面高度表示了被测对象的温度。这类方法比较简单,但精度低。

零位法又称平衡式或补偿式测量法,这种方法是用仪表的零位指示来检测测量系统的平衡状态,从而用已知的标准量确定被测量的值。如用电位差计测量电势,用平衡电桥测量电阻,用天平称重等。这种方法精度高,但较之直读法复杂些。

1.2 测量仪表的组成和质量指标

1.2.1 仪表的组成和分类

仪表的种类繁多,其原理和结构各异,但就其基本功能来看,一般可以分为三个基本部分。

1. 感受器

它直接与被测对象相联系，感受被测量的变化，并将感受到的被测量的变化转换成相应的信号输出。例如热电偶，它把对象的被测温度转换成热电势信号输出。

2. 显示器

仪表通过它向观察者反映被测量的变化。根据显示器的显示方式，显示器可分为模拟式显示、数字式显示和屏幕式显示三种。

3. 传送器

连接感受器与显示器之间的环节称为传送器。在测量中其作用是将感受件输出的信号，根据显示器的要求（放大、转换等）传送到显示器。

根据仪表的不同功用，仪表可分为多种形式：按被测参数分类，有压力、温度、湿度、流量、液位等仪表；若按显示记录形式及功能分类，有指示仪表、记录仪、积算仪、调节仪等；按工作原理分类，有机械式、电子式、气动式和液动式仪表；按仪表的精度等级分类，有标准表、一级范型表、二级范型表、实验室用表、工程用表；按装置地点分类，有就地安装和盘用仪表；按使用方法分类，有固定式和携带式仪表等。

1.2.2　测量仪表的技术指标

1. 测量仪表的精度

不同的测量装置，虽然衡量它们的指标是不相同的，但都有以下几个共同的指标可用来评价其优劣。

（1）准确度　它表明仪表指示值与测量对象的真正值的偏离程度，反映了测量装置的系统误差大小。如，若说某转速表的准确度为 2 r/min，则是指用该表测量转速时，它的指示值与真值偏离在 2 r/min 之内。

（2）精密度　它表明仪表指示值的分散性，即用同一测量装置对同一对象在短时间内做多次重复测量所得结果的分散程度。例如，某一转速表精密度为 2 r/min，是指用该转速表多次测量的数据的分散程度少于 2 r/min。由误差理论的分析可知，精密度体现了随机误差在测量中的影响。

（3）精确度（精度）　它是准确度和精密度的综合反映，习惯上用精度这一概念来综合表示测量误差的大小。

值得指出的是：一测量系统准确度高，精密度未必就高，反之亦然。而精度才是可综合反映精密度与准确度的一个指标。为了便于理解,我们以射击这一事件为例来说明,如图 1.1 所示,在图中:(a)表示准确度高而精密度低,简言之,准而散;(b)表示准确度低而精密度高,即密而偏;(c)表示精度高,即准而密。

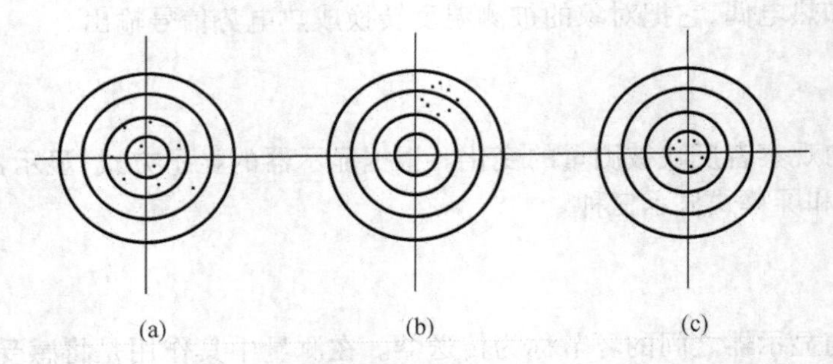

图 1.1 准确度、精密度与精确度的概念模型

(4)仪表精度　精度等级 =(测量中最大可能产生的绝对误差/仪表满量程刻度值)× 100%

一台仪器的精度通常反映了该仪器所能允许的误差大小,每一种测量仪器都标注了自己的精度等级,一般热工与电子仪表将精度分为 0.1,0.2,0.5,1.0,1.5,2.5,5.0 七级。

2. 测量仪表的静特性

静态特性是指被测量量不随时间变化或随时间变化很缓慢时测量仪器的输出特性,一台测量装置的静态特性常用以下几个指标来衡量。

(1)灵敏度　是指单位输入量所引起的输出量的大小。如水银温度计输入量是温度,输出量是水银柱高度,若温度每升高 1 ℃,水银柱高度升高 2 mm,则它的灵敏度可以表示为 2 mm/℃。一台测量仪器的静态灵敏度是由静态标定来确定的,即由该装置的实测输入、输出关系来确定,这种关系曲线叫标定曲线。而灵敏度可以定义为标定曲线的斜率。

$$灵敏度 = \Delta y / \Delta x$$

式中　Δy——输出信号的变化量;

Δx——引起输出信号变化的被测参数变化量。

(2)线性度　我们希望仪器的输出量与输入量间出现线性关系,但实际中标定曲线往往不是理想的直线,线性度就是用来指示标定曲线偏离直线的程度。线性度的表示方法通常是在标定曲线的坐标原点与对应于最大输入量的输出量间连一直线,以此作为基准直线,如图 1.2 所示,然后求出实际标定曲线同该基准直线间的最大偏差值,线性度表示为

$$线性度 = (\Delta y_{max} / y_{max}) \times 100\%$$

式中　y_{max}——仪表最大量程。

(3)变差(滞后)　在外界环境条件不变的情况下,使用同一仪表对被测参数进行正反行程(即逐渐由小到大再由大逐渐到小)测量时,对相同的被测参数值,仪表的指示值却不相同,这种差异的程度由变差予以表征,其值如图 1.3 中 y_{max}所示。

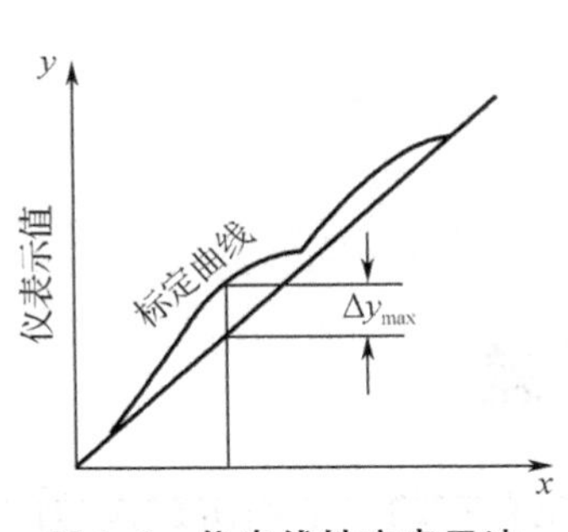

图 1.2　仪表线性度表示法

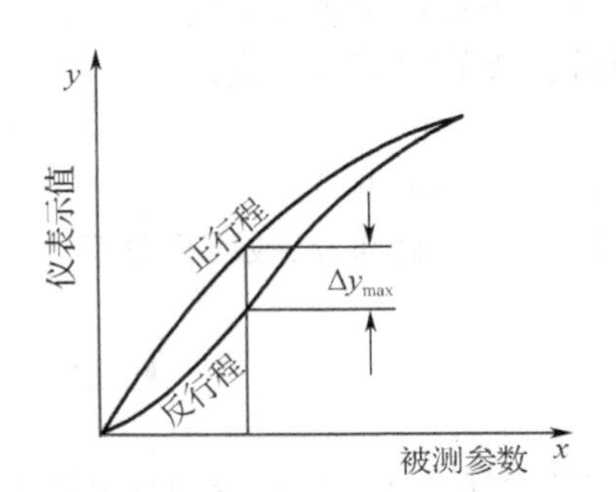

图 1.3　仪表变差表示法

$$变差 = (\Delta y_{max}/y_{max}) \times 100\%$$

(4)零漂　零漂表示传感器在零输入的状态下,输出值的漂移,一般分为:

①时间零漂(时漂)　时间零漂一般是指在规定的时间内,在室温不变的条件下零输出的变化。对于有源的传感器,则指的是在标准的电源条件下,零输出的变化情况。

②温度漂移(温漂)　绝大部分传感器在温度变化时特性会有所变化,一般用零点温漂和灵敏度温漂来表示这种变化的程度,即温度每变化 1 ℃,零点输出(或灵敏度)的变化值。它可以用变化值本身,也可用变化值与满量程输出之比来表示。

3. 测量仪表的动态特性

在测量迅速变化的物理量时,就要研究测量仪表对被测量的动态响应能力,我们称之为动态特性。

任何一台测量设备由于存在着机械惯性或电惯性,动态输出量与静态输出量间往往存在着失真现象。在理想的情况下,动态特性应与静态特性一致。由动态响应特性所决定的输出,原则上可以从理论上来解决,即利用相应的物理定律建立微分方程,将输入、输出量联系起来,然后通过在给定的初始条件下求解该方程,从而求出在任意输入信号 $X(t)$ 作用下,测量装置的输出信号 $Y(t)$。一般而言,输入信号和输出信号之间的关系,经过适当的简化,可得到下列形式的常系数微分方程:

$$(a_n\mathrm{D}^n + a_{n-1}\mathrm{D}^{n-1} + \cdots + a_1\mathrm{D} + a_0)y = (b_n\mathrm{D}^n + b_{n-1}\mathrm{D}^{n-1} + \cdots + b_1\mathrm{D} + b_0)x$$

式中　y——输出量;

x——输入量;

t——时间；

a 及 b——常系数；

D——d/dt,是微分算符。

通过系统参数和输入 x 找出 y。

微分方程的解可以写成：

$$y_0 = y_{01} + y_{02}$$

式中 y_{01}——通解部分；

y_{02}——特解部分,或称积分解。

1.3 测量误差

在实际测量工作中,无论测量仪器多么完善,误差总是存在的。下面讲述误差的种类、性质,如何对所测得的数据进行处理、加工,从而求得测量的最可靠值,并估计其精确程度。

1.3.1 真值与测量值

某一时刻某一物理量客观存在的量称为真值,用 X 表示。通过测量仪表对该物理量检测得到的结果称为测量值,用 L 表示。

严格地讲,客观存在的物质时刻都在变化之中,而且由于测量中总是存在误差,所以实际上真值 X 是难以测量到的。因此,在实际应用中一般就把相对高一级仪表测量得到的值近似看作真值(也称相对真值)。例如国家各级计量站所提供的标准质量在某种程度上就可作为真值看待。

1.3.2 误差分类

1. 根据定义,误差可作如下划分

(1) 绝对误差　测量值与被测量的真值之差称为绝对误差,记作

$$\delta = L - X$$

式中 L 是测量值,X 是真值,从式中可见绝对误差 δ 是有正负的。在实际问题中,由于 X 一般是未知的,通常用高一级仪器的指示值 X_0 来代替真值。这样一来,绝对误差又可以写成

$$\delta = L - X_0$$

(2) 相对误差　除了绝对误差外,我们常用到相对误差 γ 的概念。相对误差是绝对误差与真值之比,记作

$$\gamma = (\delta/X) \times 100\%$$

同绝对误差中的问题一样，相对误差表达式在实际应用中写作

$$\gamma = (\delta/X_0) \times 100\%$$

2. 根据误差来源的性质，可以将误差分为系统误差、粗大误差和随机误差

在讨论误差问题时，我们引进一个概念：等精度测量。所谓等精度测量是指用同一仪器设备，采用同一方法，由同一观测者在环境条件不变的条件下所进行的测量。

（1）系统误差　系统误差具有这种特点，在做等精度测量时，误差呈现出绝对值与符号保持恒定的规律性，这种误差的影响程度可以确定，并采用控制或修正的方法加以消除。例如，压力表指针的零位不准，射击时枪的准星偏离等。这种误差产生的原因是多方面的，我们举几个例子来说明系统误差产生的原因。仪器本身安装不当，如把水银温度计倒挂，这样附加了重力对液柱的影响；环境影响，如大气压、气温的变化造成仪表读数的漂移；测量方法不正确，如对某些指针式仪表来说，观测者视线的角度不正确会造成读数误差。有些高精度的万用表在指针后面装有反光镜，就是为了消除视线的角度不正确造成的读数误差。

（2）粗大误差　又称过失误差，这显然是一种不能容忍的误差，因为它同测量要求本身是不相容的，完全是测量者粗心大意所致，如在测量中测错、记错。含有粗大误差的测量值称为坏值，是应予以删除的值。

（3）随机误差　对某物理量进行等精度测量时，多次测量的误差的绝对值时大时小，符号时正时负，无确定规律，这种误差叫随机误差，又称偶然误差。这种误差是多方面复杂的因素所引起的，比如环境、仪器、测量者工作状态的波动，因而它既不能预计也不能消除。单次偶然误差虽然没有规律性，但随着测量次数的增加，误差平均值趋近为零。

应当指出，在实际的测量中，系统误差和随机误差往往都是同时存在的，它们之间也没有绝对的界限，尤其在系统误差不易发现时，往往会被当成随机误差来对待，因此对具体问题要具体分析。

第2章　实验数据的数学处理

除某些观察实验外,对某一物理过程的实验研究,其直接结果是取得一系列的原始数据。一般地说,这些数据必须经过适当中间环节的处理、计算和转换,才能得到所需要的、表征研究过程的变量之间的依从关系。例如,在传热实验中,当用电加热器加热并用热电偶测量表面温度时,实验测量得到的原始数据将是一系列的加热器端电压和电流值以及相应状态下的热电势值。它们不能直接显示出人们所需要的结果。也就是说,不能用这些测得的原始数据直接表征所研究过程的变量依从关系。只有将热电偶的热电势转换成相应的温度,并经过计算将热电偶的端电压和电流值折算成功率,进而折算成热流时,才能得到我们所预期的实验数据——温度和热流。

将预期的实验数据进行整理,首先应对所研究的现象进行理论分析。不过,这里不涉及这方面的内容,只是概括地阐明如何进行实验数据的整理。通常,可采用三种形式来表示实验数据之间的依从关系,即列表表示法、图线表示法和数学表达式表示法。而图线表示法和数学表达式表示法是密切相关的,因此,这里就不将图线表示法和数学表达式表示法分成单独的两节来讨论。

2.1　实验数据的列表表示法

这里不妨将列表表示法稍加扩充,不只限于表示实验的最后结果。用表格表示实验数据,有三种类型的表格:记录原始数据的表格;由原始数据进行中间处理的表格;最终表征过程参数依从关系的表格。

原始数据的记录表格是后两种表格的依据。因此,必须在实验中,根据实验设计所确定的参数数目、参数变化范围严格地设计原始数据记录表格。设计和填写这种表格,必须注意如下事项。

2.1.1　项目的完整性

表格中一定要有充分和必要的项目,全面地记录实验的工作状态(工况)和全部实验数据,并应包括实验日期、起止时间以及参加人员名单。同时根据需要,记录下大气温度和压力等环境参数,因为遗漏任何一项记录数据,都可能导致整个实验的失败。

2.1.2　单位的完整性

在表格的各个项目中,都必须注明使用的单位。没有单位的物理量是一个没有任何意义的数字。

2.1.3　有效数字的合理性

有效数字的位数取决于测量的准确度。盲目地增加有效数字的位数,并不能提高实验数据的精确程度,而某些初次参加实验的人员却常常忽视这一点。比如某一量的测量值记录为8.657 3,而其测量准确度为1%,因此,小数点后第二位已经不可靠,小数点后第三位就是无效数字。因此,实验数据的真值将在8.64和8.66之间,可见,合理的测量数据应取为8.65,这一数据才是与整个实验精度相适应的数据。

实验数据的中间处理表格的设计,应以便于数据整理为目的,表格应清楚地表明由原始数据到最后实验数据的处理过程。在表格中应特别注意中间计算和转换过程中单位的变换。

最后的实验数据表格是实验研究的精华,因此,必须简明地表明实验研究的结果。在表格中应明显地表示出控制过程发展的物理量与随之而变化的物理量之间的依从关系。有时,表格本身尚不能充分地表达全部实验结果,因此,还需要一些附加的说明列于表首或表尾。

由于计算机已广泛地进入实验研究,因此原始数据、中间数据处理和最后的数据表格都可由计算机按预先编制的程序进行,并可将最后数据之间的依从关系绘制成,各种图线或拟合成相应的数学表达式。

列表表示法是最简单的实验数据表示法,只要将根据原始数据整理的最后实验结果列出数据表格即可。但是,这种方法的缺点之一是不能形象地看出过程的发展趋势;另一个缺点是不如数学表达式表示的实验结果更便于计算机计算,但这个缺点不是绝对的,往往有些实验数据呈现了复杂的依从关系,有时甚至无法用简单函数来表达最后结果,这时采用列表法可能更便于表达实验的结果;列表法的第三个缺点是实验结果表达的间断性无法引用两实验点之间的数据,如果需要取得两点间的中间数据,就必须借助于插值法。常见的插值法有线性插值、差分插值、一元拉格朗日插值多项式、差商插值多项式、二元拉格朗日插值多项式、埃尔米特插值多项式以及样条插值等方法。在一般工程中,当自变量间隔和因变量阶跃不太大时,都采用线性插值。

2.2　图线表示法

图线表示法是把实验数据之间的相互关系用图线表示出来。这种图线是根据在坐标图中的实验点用适当的方法建立起来的。这里所采用的坐标图,一般常见的有直角坐标、半对数坐标、全对数坐标以及极坐标等。这种方法的优点是从图线上可形象地看到各参数之间的关系和发展趋势,并可将实验结果适当外延。另外,在用图线来平滑实验点的过程中,可适当消除部分随机误差。当然,这种方法也避免了表格法中实验结果间断的缺点。下面对图线法的一些基本知识加以说明。

2.2.1 标度尺与比例尺的选择

标度尺是指图上单位线性长度或单位角度所代表的物理量。比例尺是指各坐标轴标度尺之间的比例。在作图表示实验结果时,必须首先选择适当的标度尺和比例尺。标度尺和比例尺的选择有一定的独立性,但两者又存在一定的关系。否则,不能恰当地描述实验数据的依从关系,甚至会引起误解。这里先举一例加以说明,例如,某一实验最后整理出来的结果是:当自变量 x 为 1,2,3 和 4 时,函数 y 值分别为 8.0,8.2,8.3 和 8.0,并选择轴标度尺为:图上每单位长度代表一个单位的 x 值。而 y 轴标度尺为:图上每单位长度代表两个单位的 y 值。这时,上述实验结果表示在 $x-y$ 坐标图上,如图 2.1(a)所示。根据图上表示的实验结果,人们有理由把这些实验点连成一平行于 x 轴的直线,并可得出结论:实验证明 y 值与 x 值无关。但是,如果改换一下标度尺,使 x 轴坐标的标度尺不变,而 y 坐标轴的标度尺改为:图上每单位长度代表 0.2 个单位的 y 值。改换 y 轴标度尺之后,实验数据表示在图上,如图 2.1(b)所示。根据图上实验点的位置,人们又有理由将实验结果连成抛物线,并认为实验证明 y 值受 x

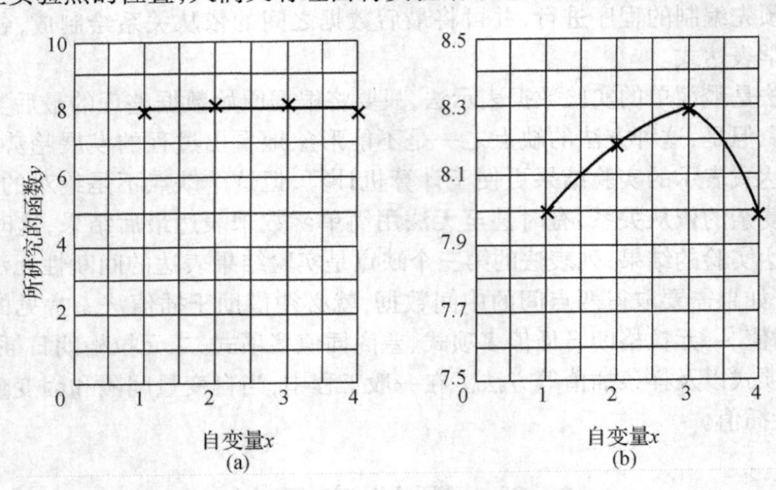

图 2.1 标度尺选择对表示实验结果的影响

(a)直线关系;(b)抛物线关系

值的影响,并在 $x=3$ 处出现 y_{max}。同样的实验数据,却得出了不同的结论,那么哪一个结论正确呢?回答是两个结论都可能正确。这是否说明实验结果与所选择的标度尺有关呢?显然,回答是否定的。从表面上看,上述矛盾是由于选择不同的标度尺引起的。但是,标度尺的选择,实际上是与实验误差的估计密切相关的。

仍以上例来说明如何正确选择标度尺。如果已知 y 的测量误差 $\Delta y = \pm 0.2$,x 值的测量误差 $\Delta x = \pm 0.05$,则上例的测量结果应为:当 $x_1 = 1 \pm 0.05$,$x_2 = 2 \pm 0.05$,$x_3 = 3 \pm 0.05$,$x_4 = 4 \pm 0.05$ 时,$y_1 = 8.0 + 0.2$,$y_2 = 8.0 \pm 0.2$,$y_3 = 8.3 \pm 0.2$,$y_4 = 8.0 \pm 0.2$。这时,如果把误差带也同时表示在图上,则图 2.1(a)变成图 2.2(a),并且图 2.1(b)变成图 2.2(b)。这样,从图 2.2 可以清楚地看到:不论选择什么样的标度尺,其实验结论都是一样的。根据图 2.2(a)及图 2.2(b),有理由认为把实验结果连成平行于 x 轴的直线是正确的。如果设法采取措施来减小值的测量误差,那么,这些数字的意义就不同了。如果 y 值的测量误差不是 0.2,而是 0.02,则 $x_1 = 1 \pm 0.05$,$x_2 = 2 \pm 0.05$,$x_3 = 3 \pm 0.05$,$x_4 = 4 \pm 0.05$ 时,$y_1 = 8.0 \pm 0.02$,$y_2 = 8.2 \pm 0.02$,$y_3 = 8.3 \pm 0.02$,$y_4 = 8.0 \pm 0.02$,仍按上述两种标度尺把这些数据分别画在图上,如图 2.3(a)和图 2.3(b)所示。这时,实验结果就不是直线,而应是具有最大值的曲线形式。从以上讨论可以得出如下结论:第一,标度尺要选择适当,否则就会出现图 2.2(b)那样的情况,以如此长的一个矩形来代表一个实验"点",显然是不合理的;第二,标度尺的选择与测量误差的大小有密切关系。可以根据误差带选择标度尺和 $x-y$ 轴的比例,当 x 轴上的误差带与 y 轴上的误差带所构成的矩形接近正方形时,可以认为比例尺的选择是适宜的。

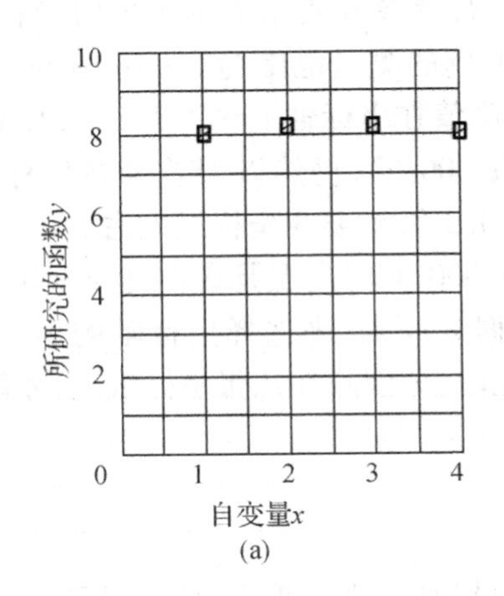

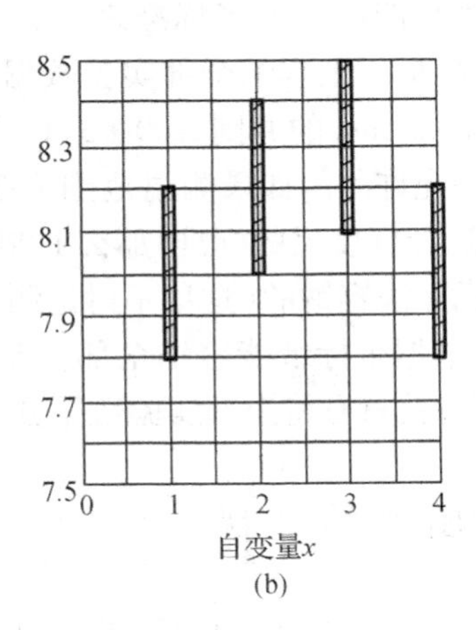

图 2.2　根据测量误差表示实验结果

(a)大的 y 轴标度尺;(b)小的 y 轴标度尺

下面讨论这个正方形的大小。一般情况下,测量误差带在图纸上大致占据 1 ~ 2 mm 是合适的。比如测量温度沿杆长的分布,温度的测量范围是 0 ~ 100 ℃,其测量误差为 ±0.5 ℃,杆

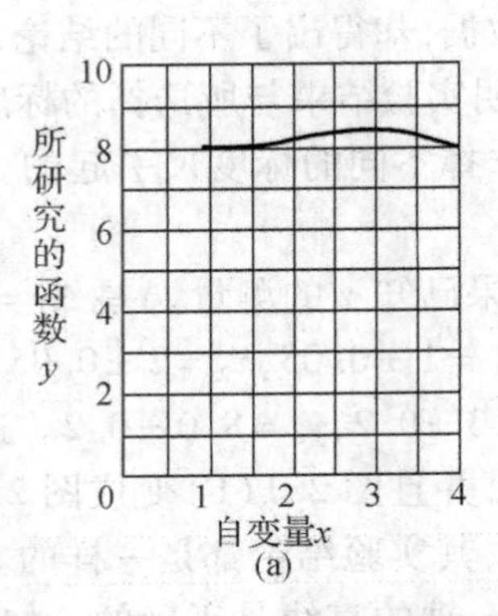

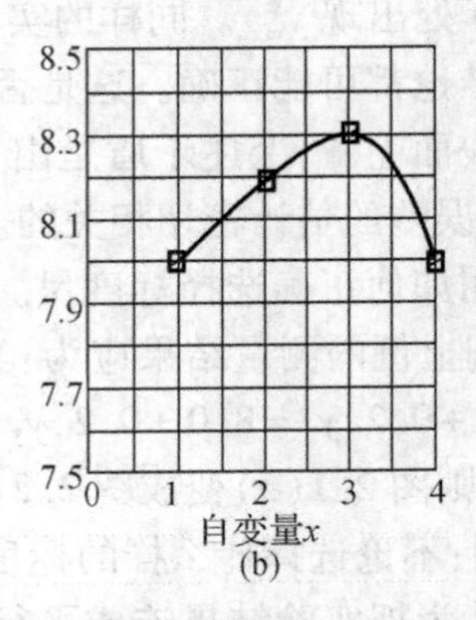

图 2.3　测量误差减小对实验结果的影响

(a)大的 y 轴标度尺;(b)小的 y 轴标度尺

长为 200 mm,其测量误差为 ±1 mm。这时,如果取温度的标度尺为 10 ℃/mm,那么 ±5 ℃在坐标轴上只占 0.1 mm 的长度,在图上几乎无法辨认。如取温度标度尺为 0.01 ℃/mm,则 ±0.5 ℃的误差带将在坐标轴上占 100 mm 的长度,显然也是不适宜的。一般技术报告的用图具有 ±0.5 ℃的误差,以取 1 ℃/mm 的标度尺为宜,这时,测温误差带在图上占据1 mm,当杆长的标度尺取 2 mm/mm 时,长度 ±1 mm 的误差带在图上也占据 1 mm。这时,每个测量点的误差带在 $x-y$ 坐标图上形成1 mm×1 mm 的正方形。但在很多情况下,难以全面满足上述要求。上述原则只能作为参考标准之一。如当测量参数变化范围很大时,首先应该考虑的是,要在有限的坐标纸上容纳全部实验数据。上例的测量范围为 0～100 mm,根据误差带在坐标轴上占据 1～2 mm 的原则,100 ±5 ℃的温度值在坐标轴上约占 101～202 mm 的长度,这是一般坐标纸所允许的。如果测温范围为 0～1 000 ℃,仍然以误差带在坐标轴上占据 1～2 mm的要求为选择标度尺的标准,那么 1 000 ±0.5 ℃就要在坐标纸上占据 1 m 的长度,这显然是一般坐标纸无法容纳的(这里不讨论测量 1 000 ℃的高温是否能达到 ±0.5 ℃的测量误差)。这时就要根据坐标纸能容纳全部实验数据为原则,来选择坐标轴的标度尺和比例尺。如果要兼顾两者,就只有将全部实验数据分成几段,分别画在几张坐标纸上,才能达到目的。

2.2.2　图线的绘制

选择适当的标度尺和比例尺后,就可以把数据画在坐标纸上,将这些离散的实验点连成光滑的图线,不严格的办法是,用曲线板或曲线尺作一图线,使大部分实验点围绕在该直线的周围。如果实验点在坐标图上的趋势是直线,则可利用直尺作直线,使大部分实验点围绕在该直线的周围。在很多情况下,将实验点连成直线的情况是很多的。从以后的讨论中还可以看到,很多曲线经过线性化处理,仍然可以连成直线。因此,这里将着重讨论直线的连接。

1. 图解法

用透明直尺作一直线，使大部分实验点尽可能近地围绕在该直线的周围，如图 2.4 所示。该直线的数学表达式为

$$y = Bx + C \tag{2-1}$$

式中　B,C 为常数，B 称为斜率，C 称为截距，有：

$$B = \tan\varphi = \frac{\Delta y}{\Delta x} = \frac{y_2 - y_1}{x_2 - x_1} \tag{2-2}$$

$$C = \frac{y_1 x_2 - y_2 x_1}{x_2 - x_1} \tag{2-3}$$

如果直线可延伸至 $x=0$，且与 y 轴相交于 y_0 处，那么

$$C = y_0 \tag{2-4}$$

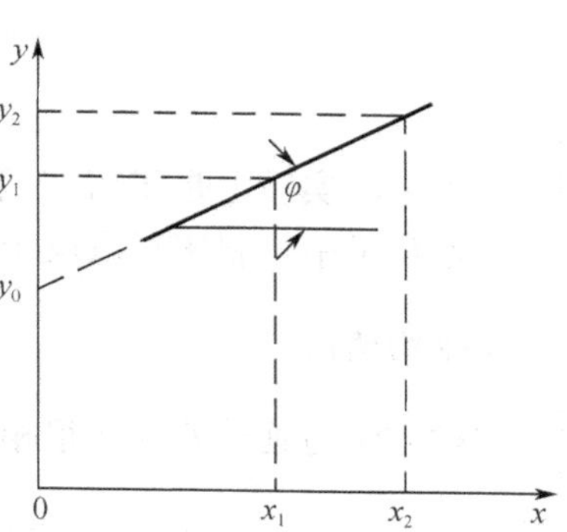

图 2.4　实验数据的整理

这种方法虽然简单，但存在明显的缺点，因为凭直观围绕同一批实验点可能作出不同斜率和不同截距的直线。另外，这种方法没有提供一个判据来衡量所绘制直线对实验数据的拟合质量。不过，无论如何，这种方法总归是一种简单易行的方法。

2. 连续差值法

连续差值法是计算相邻两点实验数据的斜率，然后取全部斜率的算术平均值为最佳斜率，并可求出最佳斜率的标准误差。

该法的优点是给出了求直线斜率的规范化方法，排除了直观方法的任意性，同时给出了所作直线斜率的标准偏差，即给出了判断所绘制图线优劣的标准。但该法仍有明显的缺点，因为该最佳斜率取决于实验点中首、尾两点所构成的直线的斜率，而在实际实验中，往往是首、尾两点的数据的可靠性差。所以，必须对该法进行改进，这就是下述的延伸插值法。

3. 延伸插值法

这种方法是按自变量值将数据分成数目相等的两组，即高 x 值组和低 x 值组，高 x 值自变量编号为 $x_{H.1},x_{H.2},\cdots,x_{H.m}$，低 x 值组自变量编号为 $x_{L.1},x_{L.2},\cdots,x_{L.m}$，相应的 y 值为 $y_{H.1},y_{H.2},\cdots,y_{H.m}$ 及 $y_{L.1},y_{L.2},\cdots,y_{L.m}$。然后，两组中相应编号的 y 值相减，有

$$\Delta y_i = y_{H.i} - y_{L.i} \tag{2-5}$$

相应编号的 x 值相减，有

$$\Delta x_i = x_{H.i} - x_{L.i} \tag{2-6}$$

求出它们的斜率 B_i，为

$$B_i = \frac{\Delta y_i}{\Delta x_i} \tag{2-7}$$

最后求出平均斜率值 B,为

$$B = \frac{\sum_{i=1}^{m} B_i}{m} \tag{2-8}$$

这种方法实质上是将高、低值组中的相应两点连成直线,然后求出这些直线的平均斜率,这样就避免了平均斜率只取决于数据首、尾两点的缺点。

4. 平均值法

这种方法与延伸差值法很相像,同样将 n 个数据分成两组,对任一组数据均可写成

$$y_i = A + Bx_i \tag{2-9}$$

对第一组数据 m 个方程相叠加,得

$$\sum_{i=1}^{m} y_{H.i} = mA + B\sum_{i=1}^{m} x_{H.i} \tag{2-10}$$

对第二组数据 m 个方程相叠加,得

$$\sum_{i=1}^{m} y_{L.i} = mA + B\sum_{i=1}^{m} x_{L.i} \tag{2-11}$$

由上述两个方程(2-10)及方程(2-11)可解出两个常数 A 和 B。当自变量 x 按等差级数分布时,平均值法与延伸差值法会得到同样的结果。

上述诸方法都比较简单,没有大量的计算,而且给出了一个较为客观的作图方法和评定标准。但是,在实验点较分散、实验误差较大的情况下,最小二乘法将是更有效的方法。虽然其复杂程度增加了,但现已有专用的计算机程序可以利用。

5. 最小二乘法

最小二乘法是实验数据数学处理的重要手段。过去由于计算的繁琐,尚未充分显示出优越性,随着计算机和计算技术的飞速发展,最小二乘法已经广泛地应用在实验数据的整理过程中。最小二乘法建立在实验数据的等精度和误差正态分布的假设前提下。根据这一前提,进行了较为繁琐的数学推演与证明,得出了相应的定理和结论。但在实验应用中,人们常常不去考察自己的实验误差是否符合正态分布。为了从实用角度很快地引出有实用价值的结论,这里略去最小二乘法的严格数学推演和证明,而着重从实用的角度,借助于推理的方法,直接导出最小二乘法的有用结论。

如果有一组测量数据,A_i 为第 i 点的测量值,X_{0i} 为该点最佳近似值,则该点的残差 V_i 为

$$V_i = A_i - X_{0i} \tag{2-12}$$

最小二乘法原理指出:具有同一精度的一组测量数据,当各测量点的残差平方和为最小时,所求得的拟合曲线为最佳拟合曲线。

如果用一直线近似表示一批实验数据相互之间的依从关系,其直线可表示成

$$y = Bx + C \tag{2-13}$$

如果 x_i 处实验测量值为 y_i,与近似直线式(2-13)值相差为 $e_{y.i}$,则 x_i 处实验测量值可表示成

$$y_i = Bx_i + C + e_{y.i}$$

即

$$e_{y.i} = y_i - (Bx_i + C)$$

如果实验测量点为 n 个,则均方和(即残差平方和)S 为

$$S = \sum_{i=1}^{n} e_{y.i}^2 = \sum_{i=1}^{n} [y_i - (Bx_i + C)]^2 \tag{2-14}$$

根据最小二乘法原理,如果近似直线式(2-13)能满足 $\sum e_{y.i}^2$ 为最小的要求,则该线即为最佳近似直线。从数学的角度来考察,欲选择式(2-13)中的 B,C,使之满足 $\sum e_{y.i}^2$ 最小,亦即必须满足下述两个条件:

$$\frac{\partial}{\partial B}\left[\sum e_{y.i}^2\right] = 0 \tag{2-15}$$

$$\frac{\partial}{\partial C}\left[\sum e_{y.i}^2\right] = 0 \tag{2-16}$$

将式(2-14)分别代入式(2-15)及式(2-16),得

$$\sum x_i(y_i - Bx_i - C) = 0 \tag{2-17}$$

$$\sum (y_i - Bx_i - C) = 0 \tag{2-18}$$

式(2-17)和式(2-18)称为正规方程,而

$$x_i(y_i - Bx_i - C) = 0 \tag{2-19}$$

$$y_i - Bx_i - C = 0 \tag{2-20}$$

称为条件方程。应用实验数据,通过正规方程,便可求出拟合一批实验数据的最佳直线的斜率 B 和截距 C。

为了给出斜率的偏差,下面讨论斜率的标准误差。如果自变量具有相等的间隔,则标准误差为

$$e_0 = \left\{\frac{n\sum e_{y.i}^2}{(n-2)\left[n\sum x^2 - \left(\sum x\right)^2\right]}\right\}^{1/2} \tag{2-21}$$

仔细考察上述讨论,可以看到,全部讨论都认为自变量 x 是无误差的,全部误差都集中在 y 上。在很多讨论最小二乘法的书中也认为 x 值是无误差的,但实际上,这种假设有时是不符合实际情况的。比如在校验热电偶的实验中,将实验数据表示成 $E=f(T)$。在实验中,往往

可以采用高精度的电位差计或数字电压表来测量热电势 E,可以达到千分之几甚至万分之几的精度。但要想把温度的测量精度提高到万分之几是不可能的,因为热源的均匀、稳定程度和温度的测试手段都难以达到如此高的精度。在这种情况下,假设 y 值无误差才是合理的。如果假设值是无误差的,全部误差集中在 x 上,于是 x 的均方和为

$$\sum e_{y.i}^2 = \sum \left(x_i - \frac{y_i}{B} + \frac{C}{B} \right)^2 \tag{2-22}$$

同样,根据最小二乘法原理,式(2-22)必须满足

$$\frac{\partial}{\partial B}\left[\sum e_{y.i}^2 \right] = 0 \tag{2-23}$$

$$\frac{\partial}{\partial C}\left[\sum e_{y.i}^2 \right] = 0 \tag{2-24}$$

将式(2-22)分别代入式(2-23)及式(2-24),得到

$$\sum (B - x_i - y_i + C) = 0 \tag{2-25}$$

$$\sum y_i (Bx_i - y_i + C) = 0 \tag{2-26}$$

这也是一组正规方程,同样可以通过它们求出最佳的近似直线。可见逼近一批实验数据存在着两个最小二乘法的解。确定哪一个更合适,需要对实验测量过程进行误差分析。如果某一坐标轴上的误差明显地大于另一坐标轴上的误差,则应采用前一坐标轴上的最小二乘法解。但在很多情况下,两个坐标上的误差是旗鼓相当的,这时,应采用两者的平均值。

在结束最小二乘法的讨论时,应该指出,上面对最小二乘法的讨论并不是最小二乘法的全部,更不要产生一个错觉,认为最小二乘法只适应于线性函数的拟合。其实,线性函数不过是多项式的一个特例。如果把函数表示成一般的多项式形式,则

$$y = C + B_1 x + B_2 x^2 + \cdots + B_m x^m \tag{2-27}$$

这时的正规方程为

$$\sum_{k=0}^{m} S_{k+l} a_k = V_l \quad (l = 0,1,2,\cdots,m) \tag{2-28}$$

这是一组以 $a_0, a_1, a_2, \cdots, a_m$ 为未知数的 $(m+1)$ 阶线性代数方程组。m 次的最小二乘拟合多项式的系数应满足式(2-28)。这方面的详细阐述请查阅最小二乘法的专著。

2.3 数据的线性化处理

由于线性方程的形式和图形比较简单,所以人们对直线有较强的判断能力。而当数据呈现曲线分布时,由于曲线方程的形式五花八门,方程中各系数的变化又会使曲线形状截然不同,而且同一曲线方程在不同的域内其形状各不相同,因此凭直观很难准确地判断应把实验数据整理成什么形式的数学表达式。如果采取某种变换能把曲线形式的表达式转化为直线

形式的表达式，那么就可以利用对直线的处理方法来作图和确定表达式中的常数，然后再将得到的线性方程还原成原函数形式，这样会使拟合实验数据过程更简便、拟合的表达式更准确。可见，所谓的线性化处理，就是将任一函数 $y=f(x)$ 转换成线性函数 $Y=nX+C$，其方法是寻找一个新的坐标系 $X-Y$，其中 $X=\varphi(x,y)$，$Y=\psi(x,y)$，使 $x-y$ 坐标系中呈曲线关系的实验数据在 $X-Y$ 坐标系中呈线性关系。

在传热学实验中，常常应用这种方法进行数据处理。如管内紊流强迫对流换热，数据努谢尔数 Nu 与雷诺数 Re 呈曲线关系。根据传热学理论和经验，可以把 Nu 与 Re 关系表示成

$$Nu = ARe^{n} \tag{2-29}$$

令 $Y=\lg Nu$，$X=\lg Re$，于是，式(2-29)的线性化方程为

$$Y = nX + C \tag{2-30}$$

因此，Nu 与 Re 按式(2-30)整理，则在 $X-Y$ 坐标系中呈线性关系，可以用已讨论过的所有处理直线方程的方法来处理上述数据，求得相应的常数 n 和 A($C=\lg A$)，然后将已知的线性方程(2-30)还原为式(2-29)的形式，使式(2-29)成为确定的形式。

为方便起见，下面列出在传热学领域内可能遇到的曲线方程及其线性化方程。

2.3.1　幂函数的线性化方程

$$y = Ax^{n} \tag{2-31}$$

其线性化方程为

$$Y = nX + C \tag{2-32}$$

式中，$Y=\lg y$，$X=\lg x$，$C=\lg A$。

上面已对其进行了初步讨论，这里稍加概括。当上述幂指数 n 值不同时，其曲线形状也将不同。当 $n>0$ 时，如图 2.5(a)所示；当 $n<0$ 时，如图 2.5(b)所示。按 $X-Y$ 坐标整理实验数据见图 2.6。

根据线性化方程的性质

$$n = \tan\varphi \tag{2-33}$$

可由任一点的 x，y 值求出 A，有

$$A = \frac{y}{x^{n}} \tag{2-34}$$

从以上分析可以看出，对于幂函数分布规律的实验数据，用双对数坐标纸进行整理，就可使实验数据呈线性关系。

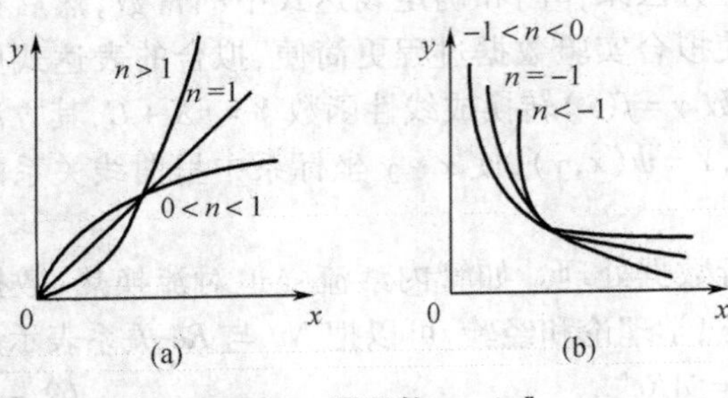

图 2.5 幂函数 $y = Ax^n$

(a) $n > 0$;(b) $n < 0$

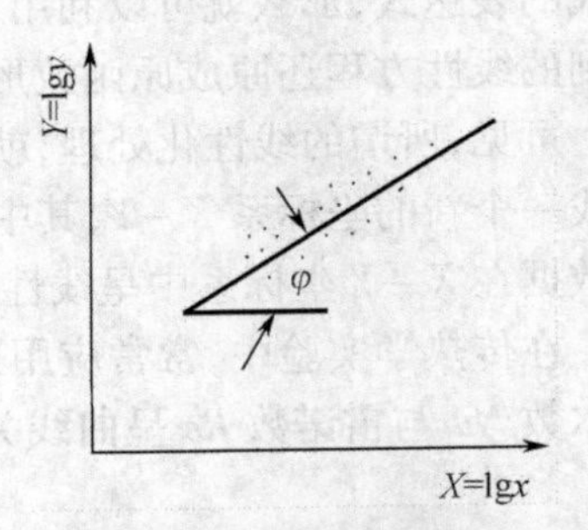

图 2.6 幂函数的线性化方程

2.3.2 幂函数的另一种常用形式

幂函数的另一种常用形式是

$$y = a + Ax^n \tag{2-35}$$

其图形见图 2.7。取 $X = \lg x, Y = \lg(y - a)$,则线性化方程为

$$Y = nX + C \tag{2-36}$$

式中,$C = \lg A$。如果式(2-35)中常数 a, A 及 n 均未知,则需首先根据实验数据求出常数 a。a 的求法如下:取两点 x_1 及 x_2 和相对应的 y_1 及 y_2 值,然后再取第三点 $x_3 = \sqrt{x_1 x_2}$ 以及相对应的 y_3 值,于是

$$a = \frac{y_1 y_2 - y_3^2}{y_1 + y_2 - 2y_3} \tag{2-37}$$

a 值已知后,便可按 X, Y 整理实验数据,并可在 $X - Y$ 坐标系中求得 n 与 A。

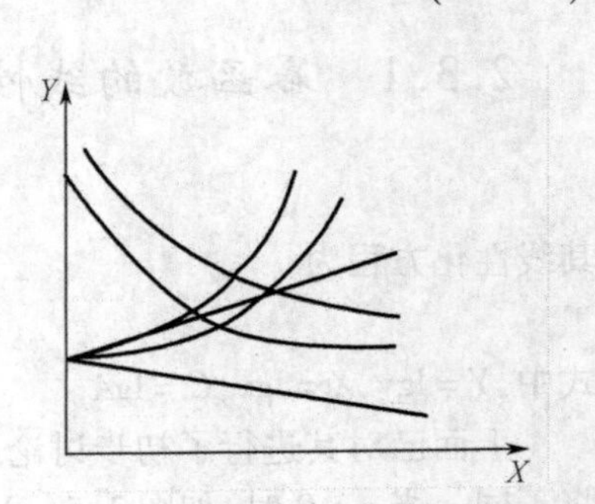

图 2.7 幂函数 $y = a + Ax^n$

2.3.3 指数函数的线性化方程

指数函数

$$y = Ae^{nx} \tag{2-38}$$

其图形见图 2.8。取 $X = x, Y = \ln y$,于是,其线性化方程为

$$Y = nX + C \tag{2-39}$$

式中 $C = \ln A$,或取 $X = x, Y = \lg y$,则其线性化方程为

$$Y = 0.043\ 43nX - C' \tag{2-40}$$

式中 $C' = \lg A$。

由以上分析可以看到，用单对数坐标纸整理实验数据，便可呈现直线形式。至于方程中的常数 A,n 的确定，这里不再赘述。

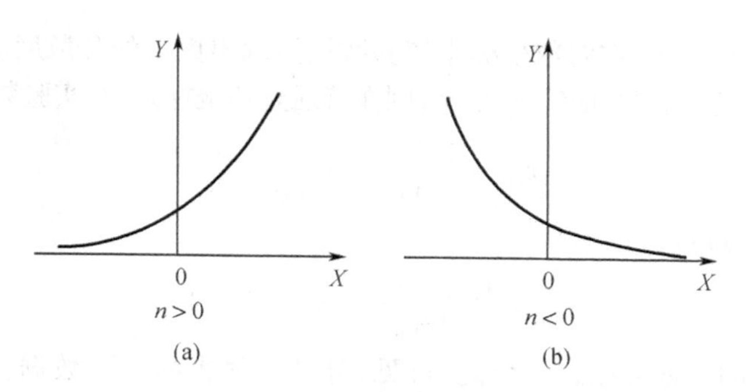

图 2.8　指数函数

(a) $n>0$；(b) $n<0$

2.3.4　多项式的线性化处理

多项式

$$y = a + bx + cx^2 \tag{2-41}$$

其图形见图 2.9。取 $Y=(y-y_1)/(x-x_1)$，$X=x$，于是其线性化方程为

$$Y = (b + cx_1) + cX \tag{2-42}$$

其中 x_1,y_1 为已知曲线上的任一点坐标值。通过在 $X-Y$ 坐标系中整理数据，可以得到线性方程的斜率 c 与截距 $(b+cx_1)$。由于 c 及 $(b+cx_1)$ 已知，故可解出 b 值。a 可采用下述方法求得，取 n 组数据，于是可表示成

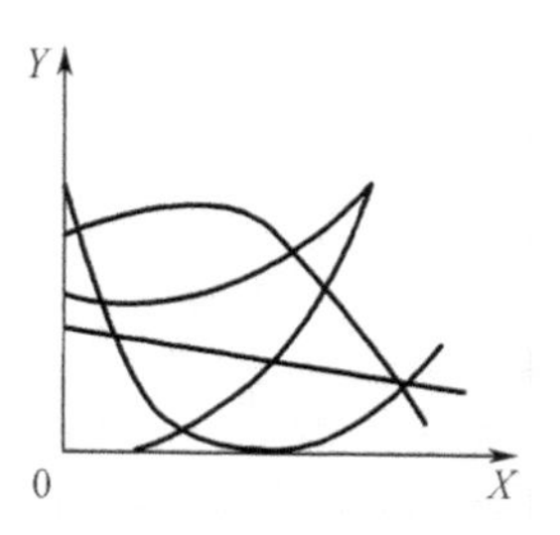

图 2.9　多项式 $y=a+bx+cx^2$

$$\left.\begin{aligned} y_1 &= a + bx_1 + cx_1^2 \\ y_2 &= a + bx_2 + cx_2^2 \\ &\vdots \\ y_n &= a + bx_n + cx_n^2 \end{aligned}\right\} \tag{2-43}$$

所以

$$\sum_{i=1}^{n} y_i = na + b\sum_{i=1}^{n} x_i + c\sum_{i=1}^{n} x_i^2 \tag{2-44}$$

于是

$$a = \frac{\sum_{i=1}^{n} y_i - b\sum_{i=1}^{n} x_i - c\sum_{i=1}^{n} x_i^2}{n} \tag{2-45}$$

从以上分析中可以看到,在对数坐标中实验数据呈现出更小的分散度。比如,在 $x = x_i$ 处,实验测量值为 y_i,在相应的拟合曲线上为 y_{0i},则在普通直角坐标系中,实验数据的分散度

$$e_{l0} = \frac{y_i - y_{0i}}{y_{0i}} = \frac{y_i}{y_{0i}} - 1 \tag{2-46}$$

而在对数坐标中,其分散度

$$e_{\lg} = \frac{\lg y_i - \lg y_{0i}}{\lg y_{0i}} = \frac{\lg y_i}{\lg y_{0i}} - 1 \tag{2-47}$$

很明显,对于大于1的实验数据,$e_{\lg} < e_{l0}$。可见,分散度很大的实验数据,在对数坐标中却能显现出较明显的规律性,这给实验数据的处理带来一定的方便。

第3章　锅炉的热工实验

锅炉的热工实验是了解和掌握锅炉及锅炉房设备的性能、完善程度、运行工况和运行管理水平的重要手段。它可为最佳运行工况的确定,新装锅炉的验收、锅炉改造的鉴定,科学研究以及与此有关的节能工作等提供必需的技术数据。

3.1　燃料成分工业分析实验

燃料成分工业分析主要是指燃煤的工业成分分析,煤的工业分析又叫煤的实用分析,它通过规定的实验条件测定煤中的水分、灰分、挥发分和固定碳等质量含量的百分数,并观察评判焦炭的黏结性特征。煤的工业分析是锅炉设计,灰渣系统设计和锅炉燃烧调整的重要依据。通过煤的工业分析实验,可进一步巩固煤的工业成分概念,学会煤的工业分析方法与有关仪器、设备的使用知识。

煤的工业分析采用分析试样,其成分质量百分数用分析基 f 表示。

3.1.1　实验目的

通过实验使学生进一步巩固煤的工业分析成分概念,学会煤的工业分析方法与有关仪器、设备的使用知识,加深对基本原理的理解,培养和提高学生在实践中综合应用所学的知识去发现问题、分析问题和解决问题的能力及创新意识和能力。

3.1.2　实验原理

固体燃料煤是由极其复杂的有机化合物组成的,通常包含碳(C)、氢(H)、氧(O)、氮(N)、硫(S)五种元素及部分矿物杂质(灰分 A)和水分 M。对煤进行成分分析,常采用元素分析和工业分析两种方法。其中元素分析可参照 GB 476—79《煤的元素分析方法》进行;而工业分析则是我国工矿企业中采用的一种简易分析方法,即通过对实验室中的空气干燥基煤样所含挥发分 V、固定碳 FC、灰分 A 和水分 M 进行测定以得到煤的工业分析成分的方法。若分别以 V_{ad},FC_{ad},A_{ad}和 M_{ad}表示空气干燥基下煤样中挥发分、固定碳、灰分和水分的质量百分含量,则有

$$V_{ad} + FC_{ad} + A_{ad} + M_{ad} = 100\% \qquad (3-1)$$

工业分析方法由于比较简单,一般工厂都可进行,且对于了解固体燃料的使用性能即能

满足要求，因而得到广泛应用。

煤中的水可分为游离水和化合水，游离水以附着、吸附等物理现象同煤结合；化合水以化学方式与煤中某些矿物质结合，又称结晶水（如硫酸钙结晶水 $CaSO_4 \cdot H_2O$、高岭土结晶水 $Al_2O_3 \cdot 2SIO_2 \cdot 2H_2O$ 等）。煤中游离水称为全水分，其中一部分附着在煤表面上，称外部水分，其余部分吸附或凝聚在煤颗粒内部的毛细孔中，称为内部水分。煤中的全水分在稍高于100%，经过足够的时间，可全部从煤中脱出。

煤的工业分析测定的是煤的全水分。根据煤样的不同，又分为原煤的全水分（应用基水分 M_{ar}）和分析煤样水分 M_{ad}，在实验室条件下，去除煤外部水分后的试样称为煤分析试样。制取分析试样的方法是将 3 mm 以下的 0.5 kg 原煤倒入方形浅盘内，使煤层厚度不超过 4 mm，然后，把煤盘放在 70～80 ℃烘干箱内干燥 1.5 h。取出煤盘，将煤粉碎到 ϕ0.2 mm 以下，在实验室的温度下冷却并自然干燥 2.4 h。

煤的灰分是指煤完全燃烧后留下的残渣。它与煤中存在的矿物质不完全相同，这是因为在燃烧过程中矿物质在一定的温度下发生一系列的氧化、分解和化合等复杂反应。

煤的挥发分是煤在隔绝空气条件下受热分解的产物。它的产生量、成分结构等与煤的加热升温速度、温度水平等有关，挥发分不是煤的现存成分。

由上所指煤工业分析必须规定明确的实验条件，测定的水分、灰分、挥发分等含量是在一定的实验条件下得到的，是一种相对的鉴别煤工业特性的成分数据。通过煤的工业分析，即可大致了解该种煤的经济价值和基本性质。

实验中所遵循的原理为热解重量法，即根据煤样中各组分的不同物理化学性质控制不同的温度和时间，使其中的某种组分发生分解或完全燃烧，并以失去的重量占原试样重量的百分比作为该组分的重量百分含量，其中对水分的分析采用常规测定的方法进行。鉴于空气干燥基下煤样中的水分为内在水分较难蒸发，故置于 105～110 ℃的鼓风干燥箱中干燥，并进行检查，直至重量变化小于 ±0.001 g 为止；对煤的灰分的分析采用快速灰化法，即将煤样置于 815 ℃的马弗炉中灼烧 40 min，并检查其燃烧完全程度，直至重量变化小于 ±0.001 g 为止；而对于挥发分，由于它是煤炭分类的重要指标之一，且是煤样在特定的条件下受热分解的产物，故采取将煤样放入带盖的瓷坩埚中，置于 900 ±10 ℃的马弗炉中隔绝空气加热 7 min，冷却后称重，以失重减去水分即为挥发分重量。

上述各组分的计算式为

水分：　$M_{ad} = (\text{失重}/\text{样品重}) \times 100\%$

灰分：　$A_{ad} = (\text{灰重}/\text{样品重}) \times 100\%$

挥发分：　$V_{ad} = (\text{失重}/\text{样品重}) \times 100\% - M_{ad}$

3.1.3　实验设备

本实验中用到的主要设备有:马弗炉、鼓风干燥箱、1/10 000 电子天平或分析天平、干燥器、玻璃称量瓶、灰皿、挥发分坩埚、坩埚架及坩埚钳等。

1. 干燥箱

干燥箱又名烘箱或恒温箱,供测定水分和干燥器皿等使用。干燥箱带有自动调温装置,其温度能保持在 105 ~ 110 ℃或 145 ±5 ℃范围内。干燥箱的通风方式分为自然通风和机械通风方式两种,如图 3.1 所示。

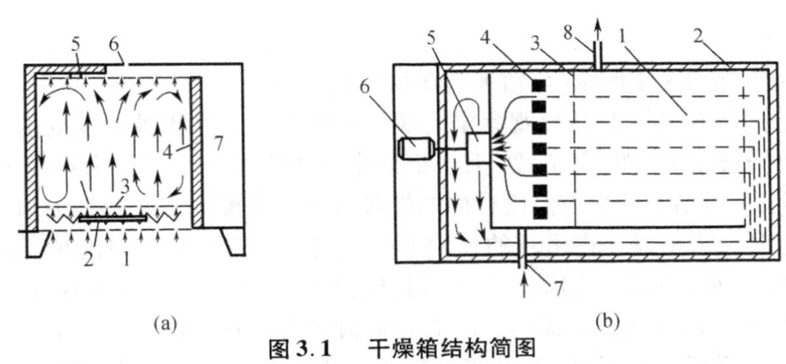

图 3.1　干燥箱结构简图

(a)自然通风;(b)机械通风

(a):1—空气入口;2—电热丝组;3—扩散孔板;4—绝热层;5—均匀孔板;6—箱顶排气孔;7—控制室

(b):1—空气流;2—绝热层;3—扩散孔板;4—电热丝组;5—鼓风机;6—电动机;7—空气入口;8—排气孔

2. 马弗炉

马弗炉又名高温电炉,炉膛内最高温度可达 1 000 ℃,常用温度在 950 ℃以下,带有调温装置。炉膛内有恒温区,炉子后壁上部有直径为 20 ~30 mm 的烟囱,下部有插热电偶的小孔。小孔位置应使热电偶测点在炉内距炉底 20 ~30 mm。炉门上应有直径约为 20 mm 的通气孔。

马弗炉有普通型和智能型,目前智能型自动化程度比较高,操作方便,应用比较广。HXMF - W8 型马弗炉按如下步骤操作:

(1)检查高温炉、控制器外表是否完好,检查时开关应在断电位置。

(2)将 HX - W8 型微电脑程序控温仪放在稳固的平台上,使之处于水平状态,再把 HXMF - W8智能马弗炉(箱式高温炉)放在控温仪上面,注意放平放稳。

(3)将烟囱安装在箱式高温炉后盖上,并将热电偶从高温炉后盖孔内插入炉膛中部,热电偶与控制器之间用补偿导线连接。接线时注意热电偶和补偿导线的极性,切勿接反(一般红色为正极)。

(4)高温炉负载端与控制器负载端之间,以及控制器电源端与外接供电电源之间均采用4~6 mm^2 多股绝缘铜线可靠连接,供电电源应能提供足够的功率。

(5)高温炉外壳与控制器外壳必须接地。

(6)首次使用前必须先进行烘炉,先将炉温升到 300 ℃,保温 1 小时;再将炉温升至 500 ℃保温 1 小时;再升到 700 ℃,保温 1 小时。长期停用重新使用时,也应该进行烘炉。

(7)正常使用时,炉温不得长时间超过 1 000 ℃的最高炉温。

(8)取放试样时,应先切断电源,以防触电(如配"华星"的电脑程序控温仪可不必断电)。

3. 分析天平或电子天平

(1)分析天平

普通分析天平如图 3.2 所示,可精确到 0.000 1 g。

天平横梁中间装有指针 1,用以观察梁的摆动或倾斜度。在指针尖嘴处的天平立柱上装有指针标尺 2,便于观察横梁的倾斜度,天平横梁中央固定着一个三棱形玛瑙刀口 8,搁于磨光的玛瑙刀承上,形成横梁的支点。横梁的两端各有一个刀棱向上的玛瑙刀口,称边刀,棱上悬着有刀承的吊耳。天平盘挂在吊耳的挂钩上。横向的中刀与两边刀的棱不但必须完全平行,而且要位于同一水平面上。制动转扭 4 可把横梁托起,使刀口架空而不与刀承接触(即天平处于"休止"状态),以防磨损。横梁的两端装有调节摆动平衡的螺母 9,上方装有调节重心的螺母 9,前方放有游码 7 和标尺 12,其零点刻度对准中刀。天平外罩底部有三只脚,前面的两只装有螺旋 5,用以调节天平的水平度。悬锤 14 或水准器检查天平的水平应度。使用天平应按下述步骤进行:

①使用天平时,前玻璃门应关闭,取放砝码或称量物时只使用两侧的玻璃门。称量读数时两侧玻璃门关闭,以防气流流动影响称量。

②取放砝码或称量物必须用钳子,绝对不允许用手直接接触。称量物放在左盘,砝码放在右盘,均应置于盘的中心,以减少天平示值变动。

③向天平盘中添加(或取出)砝码或称量物,或在刻度尺上移动砝码,开关外罩的玻璃门时,都必须先转动制动转扭,使天平休止,否则天平梁上的刀刃将受到冲击,降低天平精度。当振动过大时,横梁甚至会失去平衡坠落下来,损坏天平。

④往天平中加减砝码必须按照一定的顺序,即从质量大致等于称量物的砝码开始。如显示过重,则换用仅小于它的砝码,在这基础上再加适当的小砝码,直至天平平衡为止。在天平接近平衡前,用制动转扭将横梁托架稍微下降一些,如果发现指针向一边偏转,则需立即升起,调整盘中的砝码,直到指针偏转量很小时,方可放开制动转扭,以求天平的平衡位位置。

⑤旋转制动转扭时,应缓慢均衡,使天平横梁很平稳地启动或休止。如指针在摆动中,应

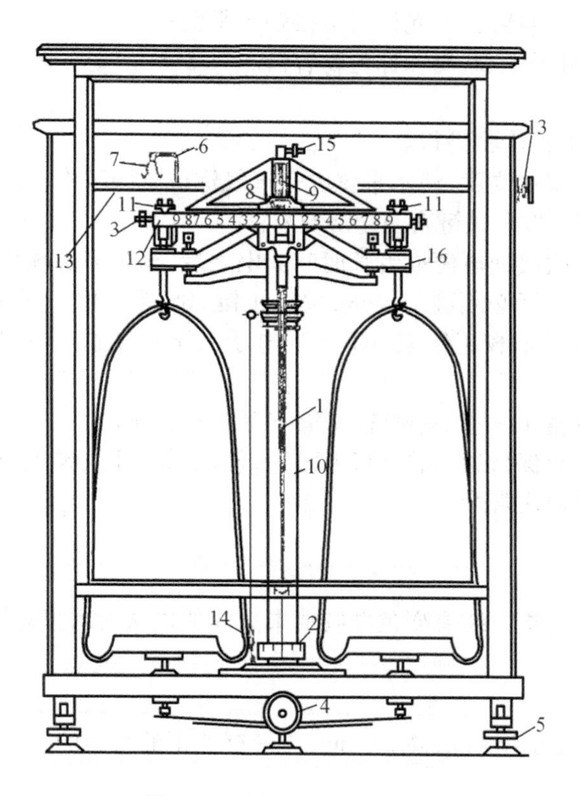

图 3.2　分析天平结构简图

1—指针;2—指针的刻度标尺;3—平衡调整螺母;4—制动转扭;5—水平调整螺母;6—游码钩;7—游码;8—玛瑙刀口;9—重心调整螺母;10—立柱;11—吊耳;12—游码刻度尺;13—操纵杆;14—悬锤;15—零点调整螺母;16—翼子板

选择指针接近中心零点的位置休止,否则横梁将受到很大的振动和冲击。

⑥天平达平衡后,就可计算加在天平盘上的砝码总质量。首先按照砝码盒中的空穴计算,然后把砝码逐一放回空穴时再计算一次。每台天平有固定的专用砝码,不应东挪西借。游码不必取出,但应挂在游码勾上。

⑦天平使用前和用完后,都应检查天平是否已制动,破码是否齐全和放在盒内原空上。游码是否挂在钩上,天平是否清洁,玻璃门是否扣紧,布罩是否盖好等。

使用天平的注意事项:

①在一个实验中应使用同一架天平和砝码;

②称量物不能超过天平最高载量,一般不宜超过最高载量的一半;

③不能在天平上称过冷或过热的试样;

④称量物必须放在容器内,不允许直接接触天平盘;

⑤手不能直接接触天平、砝码和称量物容器。

(2)电子天平

使用电子天平按下列步骤进行。

①调平:调整地脚螺栓高度,使水平仪内空气气泡位于圆环中央。

②开机:接通电源,按开关键直至全屏自检。

③预热:天平在初次接通电源或者长时间断电之后,至少需要预热 30 min。

④校正:首次使用天平必须进行校正,按校正键,BS 系列电子天平将显示所需校正砝码质量,放上砝码直至出现 g,校正结束;BT 系列电子天平自动进行内部校准直至出现 g,校正结束。

⑤称量:使用除皮键 Tare,除皮清零,放置样品进行称量。

⑥关机:天平应一直保持通电状态(24 h),不使用时将开关键关至待机状态,使天平保持保温状态,可延长天平使用寿命。

4. 干燥器

下部置有带孔瓷板,板下装有变色硅胶或未潮解的块状无水氯化钙一类的干燥剂。

5. 玻璃称量瓶

玻璃称量瓶的直径为 40 mm,高 25 mm,并带有严密的磨口的盖。

6. 灰皿与瓷皿

灰皿:长方形灰皿的底面为长 45 mm,宽 22 mm,其高度为 14 mm。

瓷皿:外径 40 mm,高度 16.5 mm,壁厚 1.5 mm,并附有密合的盖。

7. 挥发分坩埚

测定挥发分用的坩埚是高为 40 mm,上口外径为 33 mm,底径为 18 mm,壁厚 1.5 mm 的瓷坩埚,它的盖子外径为 35 mm,盖槽外径为 29 mm,外槽深为 4 mm。

8. 坩埚架

坩埚架是由镍铬丝制成的架子,其大小以放入马弗炉中的坩埚不超过恒温区为限,并要求放在架上的坩埚底部距炉底 20 ~ 30 mm。

9. 坩埚钳

用于夹住坩埚架放入马弗炉或移出马弗炉。

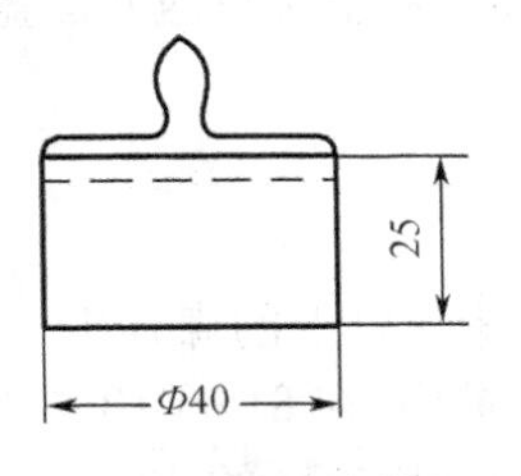

图 3.3　玻璃称量瓶

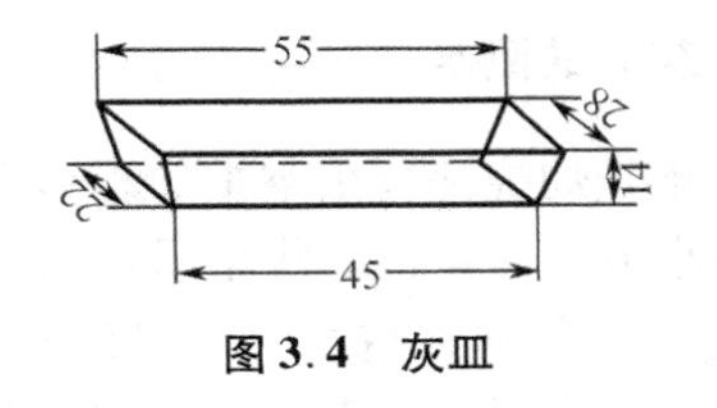

图 3.4　灰皿

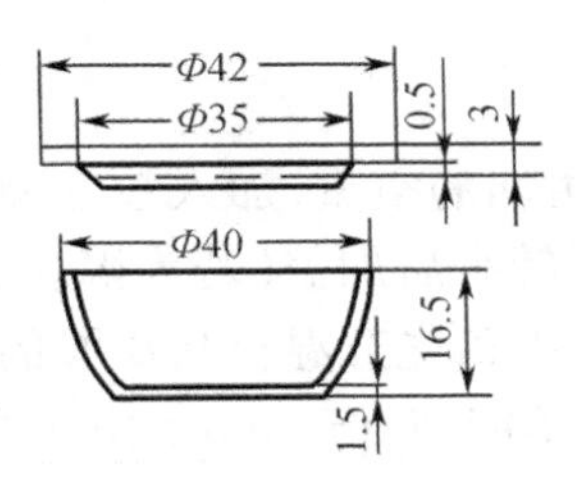

图 3.5　瓷皿

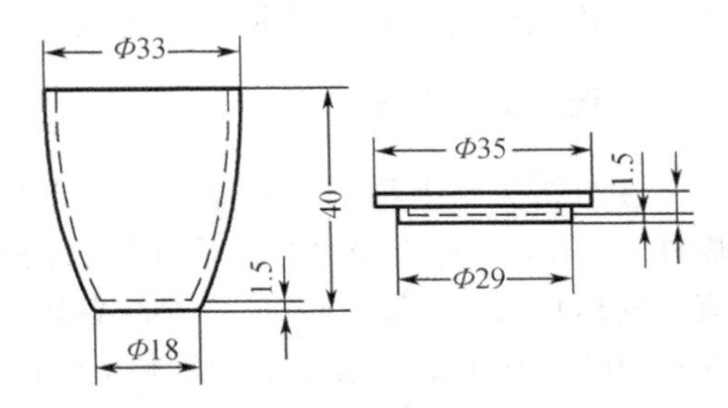

图 3.6　挥发分坩埚

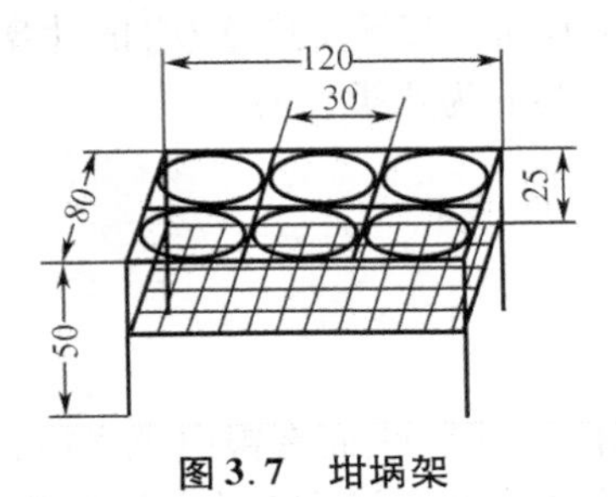

图 3.7　坩埚架

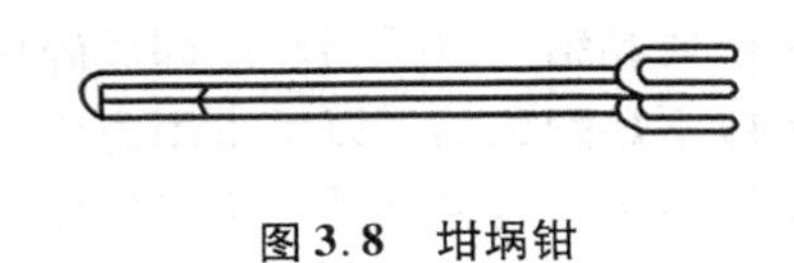

图 3.8　坩埚钳

3.1.4　实验步骤

1. 准备工作

将鼓风干燥箱升温至实验要求的温度并制备实验煤样。

2. 水分的测定

在分析天平上称出预先烘干的带盖称量瓶的空重，然后加入粒度小于 0.2 mm 的煤样 1 ±0.1 g，称量时读数精确到小数点后 4 位。打开瓶盖，将称量瓶置入预先加热到 105 ~

110 ℃的鼓风干燥箱中,烟煤干燥1 h,无烟煤干燥1~1.5 h。取出称量瓶并加盖,在空气中冷却2~3 min后,放入干燥器中冷却到室温(约20 min),称重。

3. 灰分的测定

在预先灼烧并称出空重的矩形坩埚中加入粒度为0.2 mm以下的煤样1±0.1 g,称量时准确至小数点后4位。将坩埚置入已预热到850 ℃的马弗炉中,在815±10 ℃的温度下灼烧40 min,取出坩埚在空气中冷却5 min后,放入干燥器内冷却到室温(约20 min),称量。称量后的样品再进行每次20 min的检查性灼烧,直至质量变化<0.001 g为止(当灰分<15%时可不进行检查性灼烧),并取最后一次测定质量进行计算。

4. 挥发分的测定

在分析天平上称出预先在900 ℃下烧至恒重的带盖坩埚的空重,加入粒度<0.2 mm的煤样1±0.1 g,称准至小数点后4位,轻轻振动坩埚待煤样铺平后加盖(若为褐煤或长焰煤则应预先压块,并切成约3 mm的小块备用)。将坩埚迅速置入预先升温至920 ℃的马弗炉中,并在900±10 ℃的温度下继续加热7 min(若3 min内炉温不能恢复到900±10 ℃并保持到实验结束,则该实验作废)。取出坩埚在空气中冷却5~6 min后,放入干燥器中冷却到室温(约20 min),称量。根据煤样的焦渣特征及V_{daf}值进行煤种类判断及其低发热量Q_{net}^{ad}的计算。

焦渣特征,即测定挥发分时所残留的焦渣外形特征,共分为八类,即:

(1)粉态　全部是粉末,没有互相粘黏的颗粒;

(2)黏着　以手指轻压即成粉末;

(3)弱黏结　以手指轻压即成碎块;

(4)不熔融黏结　以手指用力压才成碎块;

(5)不膨胀熔融黏结　焦渣呈扁平饼状,煤粒界限不易分清,表面有银白色光泽;

(6)微膨胀熔融黏结　焦渣用手指不能压碎,表面有银白色光泽和较小的膨胀泡;

(7)膨胀熔融黏结　焦渣表面有银白色光泽,明显膨胀,但高度不超过15 mm;

(8)强膨胀熔融黏结　同(7),但高度超过15 mm。

由于焦渣特性对系数K_1有较明显的影响,因此在实验中一定要根据以上特征对焦渣进行正确分类。

3.1.5 实验数据处理

1. 测定数据的记录及处理

将实验测量数据及计算结果填入表3.1。

2. 煤的种类的判断

鉴于我国对煤的种类的划分是以无灰干燥基挥发分含量 V_{daf} 为根据，而 V_{daf} 与 V_{ad} 之间存在以下的换算关系：

$$V_{daf} = \frac{100\% \times V_{ad}}{100\% - (W_{ad} + A_{ad})} \tag{3-2}$$

则根据 V_{daf} 可进行煤的种类判断。

3. 低发热量 $Q_{net,ad}$ 的计算

根据测定的 M_{ad}，A_{ad} 和 V_{da} 数据，结合不同的煤种，可按下列公式进行 Q_{net}^{ad} 的近似计算。

无烟煤：

$$Q_{net,ad} = K_0 - 360M_{ad} - 385A_{ad} - 100V_{ad}(\text{kJ/kg})$$

烟煤：

$$Q_{net,ad} = 100K_1 - (K_1 + 25.12)(M_{ad} + A_{ad}) - 12.56V_{ad}(\text{kJ/kg})$$

式中　K_0，K_1——系数。其中 K_0 可根据 V_{daf} 确定，K_1 则随 V_{daf} 及焦渣特征改变，可由相关数值近似确定。

4. 计算被测定煤样的标准燃料值

表 3.1　测定数据记录

测定编号	容器名称及质量/g	容器空重/g	总重/g	样品重/g	热处理后总重/g	计算结果/%
水						
分灰						
挥发分						
固定碳	$FC_{ad} = 100\% - W_{ad} - V_{ad}$					

表 3.2　不同种类煤的挥发分 V_{daf}

煤的种类	褐煤	烟煤	无烟煤
$V_{daf}(\%)$	>37	10 ~ 46	<10

3.1.6 思考题

(1)固体燃料的组成有哪几种基准表示,各适用于哪些场合?

(2)实验中怎样实现煤的水分、灰分和挥发分的测定?

(3)煤的工业分析在工程实际中有何作用?

(4)将实验煤样折合成标准燃料的意义是什么?

3.2 煤的发热量测定实验

3.2.1 实验目的

发热量是煤的重要特性之一。在锅炉设计与锅炉改造工作中,发热量是组织锅炉热平衡、计算燃烧物料平衡等各种参数和设备选择的重要依据。在锅炉运行管理中,发热量也是指导合理配煤、掌握燃烧、计算煤耗量等的重要指标。

3.2.2 实验仪器、设备与材料

1. 恒温式量热计

如图3.9所示,恒温式量热计主要由外筒、内筒、氧弹、搅拌器、量热温度计等几部分组成。

(1)外筒　为金属制成的双壁容器并有上盖。外壁为圆形,内壁形状则依内筒的形状而定,原则上要保持二者之间有10~12 mm的间距,外筒底部有绝缘支架,以便放置内筒。恒温式量热计配置恒温式外筒的夹套中盛满水,其热容量应不小于量热计热容量的5倍,以便保持实验过程中外筒温度基本恒定。外筒外面可加绝缘保护层,以减少室温波动的影响。

(2)内筒　用紫铜、黄铜或不锈钢制成,断面可为圆形、菱形或其他适当形状。把氧弹放入内筒中后,装水2 000~3 000 mL,水应能浸没氧弹(氧气阀和电极除外)。内筒外面经过电镀抛光,以减少与外筒间的辐射作用。

(3)氧弹　由耐热、耐腐蚀的镍铬或镍铬钼合金钢制成,它具备三个主要性能:

①不受燃烧过程中出现的高温和腐蚀性产物的影响而产生热效应;

②能耐受充氧压力和燃烧过程中产生的瞬时高压;

③实验过程中能保持完全气密。氧弹也叫弹筒,如图3.10所示。弹筒1是一个圆筒,容积为250~350 mL,弹头2由螺帽3压在弹筒上;燃烧皿放在皿环9上,皿环与弹头之间系绝

缘连接，进气导管与皿环构成两个电极，点火丝连接其间。弹头与弹筒之间由耐酸橡皮圈 8 密封，氧气进行降压之后从进气阀 4 进入氧弹；进气导管 6 的上方有止回阀 5，氧气不会倒流，废气则从放气阀 7 排出。

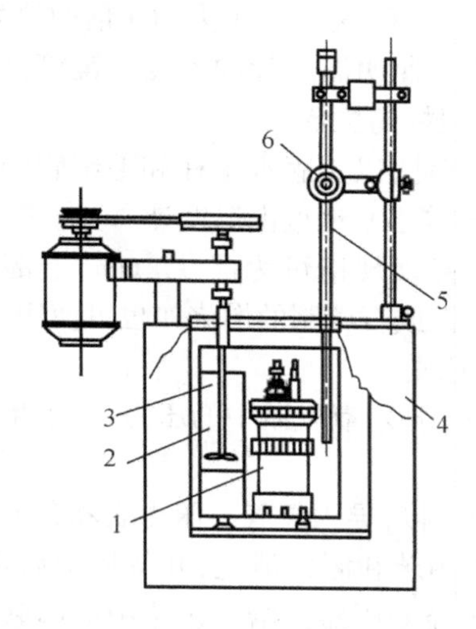

图 3.9　恒温式量热计简图

1—氧弹；2—内筒；3—搅拌器；4—外筒；5—贝克曼温度计；6—放大镜

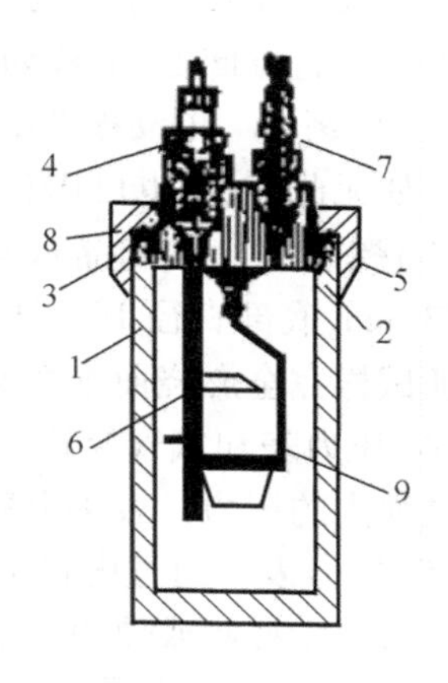

图 3.10　氧弹示意图

1—弹筒；2—弹头；3—螺帽；4—进气阀；5—止回阀；6—进气导管；7—放气阀；8—密封橡皮圈；9—皿环

在进气导管或电极柱上还装有安放燃烧皿的皿环 9 以及防止烧毁电极的绝缘遮火罩。氧弹放入内筒时置于内筒底部的固定支柱上，以保证氧弹底部有水流通，利于氧弹发热冷却。

（4）搅拌器　搅拌器装在外套的支座上，由专用电动机带动，叶桨转速为 400 ~ 600 r/min，内筒中水绕着氧弹流动，使温度均匀。搅拌效率应能使由点火到终点时间不超过 10 min，同时又要避免产生过多的搅拌热（当内、外筒温度和室温一致时，连续搅拌 10 min 所产生的热量不应超过 125.6 J）。

（5）量热温度计　常用的量热温度计有两种：一是固定测温范围的精密温度计，一是可变测温范围的贝克曼温度计。二者的最小分度值为 0.01 ℃，使用时应根据计量机关检定证书中的修正值做必要的校正。两种温度计都应每隔 0.5 ℃检定一点，以得出刻度修正值（贝克曼温度计则称为毛细孔径修正值）。贝克曼温度计除这个修正值外还有一个称为“平均分度值”的修正值。贝克曼温度计是一种精密的温度计，通过放大镜放大，读值可估读到 0.001 ℃，整个温度计的刻度范围仅 5 ~ 6 ℃，温度计的顶部有水银储存泡，作为调整温度计之用。

（6）普通温度计　普通温度计是分度 0.2 ℃，量程 0 ~ 50 ℃的温度计，供测定外筒水温和量热温度计的露出柱温度。

2. 附属设备

(1)放大镜和照明灯　为了使温度读数能估计到 0.001 ℃,需要一个大约 5 倍的放大镜。通常把放大镜装在一个镜筒中,筒的后部装有照明灯,用以照明温度计的刻度。镜筒借适当装置可沿垂直方向上、下移动,以便跟踪观察温度计中水银柱的位置。

(2)振荡器　电动振荡器用以在读取温度前振动温度计,以克服水银柱和毛细管间的附着力。如无此装置,也可用铅笔或套有橡皮管的细玻璃棒等小心地敲击温度计。

(3)燃烧皿　铂制品最理想,一般可使用镍铬钢制品。规格可为高 17 mm,上部直径 26 ~ 27 mm,底部直径 19 ~ 20 mm,厚 0.5 mm。其他合金钢或石英制的燃烧皿也可使用,但以能保证试样完全燃烧而本身又不受腐蚀和产生热效应为原则。

(4)压力表和氧气导管　压力表由两个表头组成:一个指示氧气瓶中的压力,一个指示充氧时氧弹内的压力。表头上装有减压阀和保险阀。

(5)压力表　通过内径 1 ~ 2 mm 的无缝铜管与氧弹连接,导入氧气。压力表和各连接部分禁止与油脂接触或使用润滑剂,如不慎沾污,必须一次用苯和酒精清洗,并待风干后再用。点火装置 点火采用 12 ~ 24 V 电源,可由 220 V 交流电源经变压器供给。线路中应串联一个调节电压的变阻器和一个指示点火情况的指示灯或电流计。点火电压应预先试验确定,方法是:接好点火丝,在空气中通电试验。在熔断式点火的情况下,调节电压使点火丝在 1 ~ 2 s 内达到亮红;在棉线点火的情况下,调节电压使点火丝在 4 ~ 5 s 内达到暗红。电压和时间确定后,应准确测出电压、电流和通电时间,以便据以计算电能产生的热量。如采用棉线点火,则在遮火罩以上的两电极柱间连接一段直径约 0.2 mm 的镍铬丝,丝的中部预先绕成螺旋数圈,以便发热集中。把棉线一端夹紧在螺旋中,另一端通过遮火罩中心的小孔(直径 1 ~ 2 mm)搭接在试样上。根据试样点火的难易,调节棉线搭接的多少。

(6)压饼机　螺旋式或杠杆式压饼机能压制直径约 10 mm 的煤饼或苯甲酸饼。模具及压杆应用硬质钢制成,表面光洁,易于擦拭。

(7)秒表或其他能指示 1 min 的计时器。

3. 分析天平

精确到 0.000 2 g。

4. 工业天平

可称量 4 ~ 5 kg,精确到 1 g,用于称量内筒水量。

5. 试剂

(1)氧气　不含可燃成分,因此不许使用电解氧。

(2)苯甲酸　经计量机关检定并标明热值的苯甲酸。

(3)0.1 N 氢氧化钠溶液。

(4)甲基红指示剂。

6. 材料

(1)点火丝　直径 0.1 mm 左右的铂、铜、镍铬丝或其他已知热值的金属丝。如使用棉线,则应选用粗细均匀、不涂蜡的白棉线。

(2)石棉纸或石棉绒　使用前在 800 ℃灼烧 0.5 h。

(3)擦镜纸　使用前先测出燃烧热:抽取约 1 g 样品,称准质量,用手团紧,放入燃烧皿中,然后按常规方法测定发热量,取两次结果的平均值作为标定值。

3.2.3　实验原理

测定煤的发热量的通用量热计有恒温式和绝热式两种。恒温式量热计配置恒温式外筒,外筒夹层中装水以保持测试过程中温度的基本稳定。绝热式量热计配置绝热式外筒,外筒中装有电加热器,通过所附自动控制装置能使外筒中的水温跟踪内筒的温度,其中水还能在双层上盖循环,因此后者要比前者先进。在测定结果的计算上,恒温式量热计的内筒在试验过程中因与外筒始终发生热交换,对此量热要予以校正(即所谓冷却校正或热交换校正);而绝热式热量计的这种热量得失可以忽略不计,即无须冷却或换热校正。考虑到目前各校实验设备条件的限制,本实验采用恒温式量热计测定其发热量。

1. 测定原理

让已知质量的煤样在氧气充足的条件下完全燃烧,燃烧发出的热量被一定量的水和量热计筒体吸收。待系统热平衡后,测出温度的升高值,并计及水和量热计筒体的热容量以及周围环境温度等的影响,即可算出该煤的发热量。因为它是煤样在有过量氧气(充进的氧气压力为 2.7 ~3.5 MPa)的氧弹中完全燃烧、燃烧产物的终了温度为试验室环境温度(约 20 ~25 ℃)的特定条件下测得的,称为煤的分析基弹筒发热量 $Q_{b,ad}$,它包含煤中的硫 S_{ad} 和氮 N_{ad} 在弹筒的高压氧气中形成液态硫酸和硝酸时,放出的酸的生成热以及煤中水分 W_f 和氢 H_f 完全燃烧时生成的水的凝结热,而煤在炉子中燃烧时是不会生成这类酸和水的。因此,实验室里测得的弹筒发热量 $Q_{b,ad}$ 比其高位发热量 $Q_{gr,ad}$ 还要大一些,这样可借它们之间的关系,通过计算得到煤样的应用基低位发热量 $Q_{net,ar}$。

2. 实验室条件

(1)热量计应放在单独的房间内,不得在同一房间内进行其他试验项目。

(2)测热室应不受阳光的直接照射,室内温度和湿度变化应尽可能减到最小,每次测定室内温度变化不得超过 1 ℃,冬、夏季室温以不超出 15~35 ℃为宜。

(3)室内不得使用电炉等强烈发热设备;不准启用电脑,试验过程中应避免开启门、窗,以保证室内无强烈的空气对流。

3.2.4 测定方法和步骤

(1)在燃烧皿中称取分析试样(粒径小于 0.2 mm)1~1.2 g(精确至 0.000 2 g);对发热量高的煤,采用低值;对发热量低或水当量大的量热计,可采用高值。试样也可在表面皿上直接称量,然后仔细移入清洁干燥的燃烧皿中。

对于燃烧时易于飞溅的试样,可先用已知质量的擦镜纸包紧,或先压成煤饼再切成 2~4 mm的小块使用。对无烟煤、一般烟煤和高灰分煤一类不易完全燃烧的试样,最好以粉状形式燃烧,此时,在燃烧皿底部铺一层石棉纸或石棉绒,并用手指压紧。石英燃烧皿不需要任何衬垫。如加衬垫仍燃烧不完全,则用已知质量和发热量的擦镜纸包裹称好的试样并用手压紧,然后放入燃烧皿中。

(2)往氧弹中加入 10 mL 蒸馏水,以溶解氮和硫所形成的硝酸和硫酸。

(3)将燃烧皿固定在皿杯上,把已量过长度的点火丝(100 mm 左右)的两端固定在电极上,中间垂下稍与煤样接触(对难燃的煤样,如无烟煤、贫煤),或保持微小距离(对易燃和易飞溅的煤样),并注意点火丝切勿与燃烧皿接触,以避免短路而导致点火失败,甚至烧毁燃烧皿。同时,还应注意防止两电极间以及燃烧皿同另一电极之间的短路。小心拧紧弹盖,注意避免燃烧皿和点火丝的位置因受震而改变。

(4)接上氧气导管,往氧弹中缓缓充入氧气,直到压力到达 2.7~2.8 MPa。对燃烧不易完全的试样,应把充氧压力提高到 3.5 MPa,且充氧时间不得少于 0.5 min。当钢瓶中氧气压力降到 5.0 MPa 以下时,充氧时间应酌量延长。

(5)把一定量(与标定热容量时所用的水量相等)的蒸馏水注入内筒。水量最好用称量法测定,精确到 1 g 以内。注入内筒的水温,宜事先调节,使终点时内筒水温比外筒温度约高 1 ℃,以使试验至终点时内筒温度出现明显下降。外筒温度尽量接近室温,相差不得超过 1 ℃。

(6)将内筒放到热量计外筒内的绝缘夹上,然后把氧弹小心放入内筒,水位一般在进气阀螺帽高度的三分之二处。如氧弹中无气泡漏出,则将导线接在氧弹头的电极上,装上搅拌器和贝克曼温度计,并不得与内筒筒壁或氧弹接触,温度计的水银球应在水位的二分之一处,并盖上外筒的盖子。

(7)在靠近贝克曼温度计的露出水银柱的部位,另悬一支普通温度计,用以测定露出柱的温度。

(8)开动搅拌器,使内筒水温搅拌均匀。5 min后开始计时和读取内筒温度——点火温度 t_0,同时立即按下点火器的按钮,指示灯应一闪即灭,表示电流已通过点火丝并将煤样引燃。否则,需仔细检查点火电路,无误后重做。随后记下外筒温度 t_w 和露出柱温度 t_t。外筒温度的读值精确到0.1 ℃,内筒温度借助放大镜读到0.001 ℃。读数时,应使视线、放大镜中线和水银柱顶端在同一水平面内。每次读数前应开启振荡器振动3～5 s,关闭振荡器后立即读数,但在点火后的最初几次急速升温阶段无须振动。

(9)观察内筒温度,如在半分钟内温度急剧上升,则点火成功;经过1 min后再读取一次内筒温度 t_1(读值精确到0.01 ℃)。

(10)临近实验终点时(一般热量计由点火到终点的时间为7～10 min),开始按1 min的时间间隔读取内筒温度。读前开动振动器,读值要求精确到0.001 ℃。以第一个下降温度作为终点温度 t_n,实验阶段至此结束。

(11)停止搅拌,小心取出温度计、搅拌器、氧弹和内筒。打开氧弹的放气阀,让其缓缓泄气放尽(不小于1 min)。拧开氧弹盖,仔细观察弹筒和燃烧皿内部,如有试样燃烧不完全的迹象或碳黑存在,此试验应作废。

(12)找出未燃完的点火丝,并量其长度,以计算出实际耗量。

(13)如需要用弹筒洗液测定试样的含硫量,则再用蒸馏水洗涤弹筒内所有部分,以及放气阀、盖子、燃烧皿和燃烧残渣。把全部洗液(约10 mL)收集在洁净的烧杯中,供硫的测定使用。

3.2.5　测定结果的计算

根据所测数据,可运用相应公式进行计算,求出分析试样的弹筒发热量、高位发热量和低位发热量。

1. 温度校正

测试过程中内筒水温上升的度数(温升)是热容量测定结果准确与否的关键性数据,也即测量温升的误差是热容量测定中误差的主要来源。因此,对量热温度计的选择和使用,必须十分重视,以保证测定结果的可靠性。

温度校正,包括温度计刻度校正、露出柱温度变化校正和露出柱温度校正。对贝克曼温度计和精密温度计的这几项校正,当对总温升的影响小于0.001 ℃时,可以忽略不计。

(1)温度计刻度的校正

由于制造技术的原因,贝克曼温度计的毛细管内径和刻度都不可能十分均匀,为此要作必要的修正,称为毛细管孔径修正。温度计出厂时检定证书中给出了毛细管修正值,实验室也可按盖吕萨克法自行检定。表3.3所示,即为某一贝克曼温度计毛细孔径修正值实例。

表3.3 毛细孔径修正值

温度计读数 t	0	1	2	3	4	5	6
修正值 h	0	−0.004	+0.022 4	−0.001	+0.001	−0.003	0

根据检定证书给出的修正值,校正点火温度 t_0 和试验终点温度 t_n。内筒的温升即可由下式求出:

$$\Delta t = (t_n + h_n) - (t_0 + h_0) \tag{3-3}$$

式中 Δt——内筒温升,℃;

h_n——终点温度的温度计刻度修正值,℃;

h_0——点火温度的温度计刻度修正值,℃。

对于精密温度计,其刻度也不可能制作得十分准确,它是与标准温度计对照而得出各读数的修正值的。使用时,它的温度读数,加上修正值后才代表真实温度(℃)。由此求出的温升,才是真正的温升(℃)。

(2)露出柱温度变化的校正

测读内筒水温的温度计,总有一段水银柱露出水面,露于水面以上的这段水银柱,通常称为露出柱。不难看出,露出柱处于室内空气中,它所处的温度近于室温,而不同于水温。如果测试过程(由点火到终点)中,室温有显著变化,将会引起温度计露出柱的胀、缩,影响温度读数以及由此算出的温升。为消除这个影响,在进行温度读数值修正后的温升上应再加上一个露出柱温度变化修正值 $\Delta t'$:

$$\Delta t' = 0.000\,16(t'_0 - t'_n)L \tag{3-4}$$

式中 0.000 16——水银对玻璃的相对膨胀系数;

t'_0——点火时的露出柱温度,℃;

t'_n——终点时的露出柱温度,℃;

L——终点时的露出柱长度,℃。

(3)露出柱温度的修正

经计量机关检定后提供的温度计分度值,只适用于在与检定条件相同的情况下使用。影响分度值的因素有三个:基点温度、浸没深度和露出柱所处的环境温度。前两个因素在量热计的热容量标定和在发热量测定中,可以人为地控制保持一致。但一般的实验室难以保持露出柱所处环境温度(室温)固定不变,故而对此影响需要进行校正,其校正系数 H 可由下式求出:

$$H = h + 0.000\,16(t_{da} - t'_{da}) \tag{3-5}$$

式中 h——贝克曼温度计在实测时露出柱温度的平均分度值,可由贝克曼温度计的检定证书中查得；

t_{da}——热容量标定时露出柱所处环境的平均温度，℃；

t'_{da}——发热量测定中点火时露出柱所处环境温度，℃。

计算发热量时，应对已经过温度计刻度校正、露出柱温度变化校正和冷却校正后得出的温升乘以校正系数 H。

2. 冷却校正

恒温式热量计的内筒与外筒之间存在温差，在实验过程中始终有着热量的交换，应予以校正，其校正值称为冷却校正值 C，即在温升 Δt 中加上一个 C 值。

冷却校正值 C 的计算，可按下式进行：

$$C = (n - \alpha)V_n + \alpha V_0 \tag{3-6}$$

式中　C——冷却校正值，℃；

n——由点火到终点的时间，min；

α——参数可根据 $\Delta t_n = t_n - t_0$ 和 $\Delta t_1 = t_1 - t_0$ 由表 3.4 查出，min；

V_n, V_0——分别为点火和终点时在内、外筒温差的影响下造成的内筒降温速度，℃/min，它按下式计算：

$$V_0 = B(t_0 - t_w) - A$$

$$V_n = B(t_n - t_w) - A$$

其中　B——热量计的冷却常数，1/min；

A——热量计的综合常数，它们均可由实验室预先标定给出，℃/min。

t_n、t_0——分别为点火、终点时的内筒温度，℃；

t_w——外筒温度，℃。

当用贝克曼温度计测量内筒温度、用普通温度计测量外筒温度时，应从实测的外筒温度（见本实验的“测定方法和步骤”中的第 7 条）中减掉贝克曼温度计的基点温度后再当作外筒 t_w，用以计算点火和终点时内、外筒的温差 $(t_0 - t_w)$ 和 $(t_n - t_w)$。如内、外筒温度都使用贝克曼温度计测量，则应对实测的外筒温度校正内、外筒温度计基点温度之差，以求得内、外筒的真正温差。

表 3.4　参数 α 值

$\frac{\Delta t_n}{\Delta t_1}$	1.00～1.60	1.61～2.40	2.41～3.20	3.21～4.00	4.01～6.00	6.01～8.00	8.01～10.00	>10.00
α	1.0	1.25	1.5	1.75	2.0	2.25	3.2	4.0

3. 引燃物放热量的校正

在点火时，用于引燃的点火丝、棉线和擦镜纸等燃烧放出的热量应逐一予以扣除。其值由下式计算：

$$\sum bq = b_1q_1 + b_2q_2 + b_3q_3 \tag{3-7}$$

式中 b_1, b_2, b_3——分别为引燃烧掉的点火丝、棉线和擦镜纸的质量，g；

q_1, q_2, q_3——分别为点火丝、棉线和擦镜纸的燃烧放热量，J/g；铁丝、铜丝、镍铬丝、棉线和擦镜纸的燃烧放热量分别为6 699 J/g，2 512 J/g，1 403 J/g，17 501 J/g 和15 818J/g。

4. 发热量的计算

（1）分析试样的弹筒发热量 $Q_{b,ad}$

$$Q_{b,ad} = \frac{KH[(t_n + h_n) - (t_0 + h_0) + \Delta t + C] - \sum bq}{m} \tag{3-8}$$

式中 K——热量计测热系统的热容量，J/℃；

m——分析试样的质量，g。

其余符号的意义同前。

前述系数中，不同的热量计的热容量 K 是不同的，可用经国家计量机关检定，注明发热量的基准物质在该热量计中代替试样燃烧而求出。基准物质通常用标准苯甲酸，其发热量为265 024 J/g。

（2）高位发热量 $Q_{gr,ad}$

$$Q_{gr,ad} = Q_{b,ad} - (94.2S_{b,ad} + aQ_{b,ad}) \tag{3-9}$$

式中 94.2——煤中每1%硫的校正值，J/g；

$S_{b,ad}$——由弹筒洗液测得的煤的含硫量，%；

a——硝酸校正系数，对于贫煤和无烟煤为0.001，其他煤取0.001 5。

当煤中全硫含量低于4%时，或发热量大于14 564 J/g 时，可用全硫或可燃硫代替 $S_{b,ad}$。在需要用弹筒洗液测定 $S_{b,ad}$时，其方法是：把洗液加热到约60 ℃，然后以甲基红（或以相应混合物）为指示剂，用0.1 N 的 NaOH 溶液滴定，以求出洗液中的总酸量，最终以相当于1 g试样的0.1 N 的 NaOH 溶液的体积 V(mL)表示。如此，高位发热量的计算式就有如下形式：

$$Q_{gr,ad} = Q_{b,ad} - (15.1V + 6.3aQ_{b,ad}) \tag{3-10}$$

式中 硝酸校正系数 a 取值同前。

折算为相同水分的煤样高位发热量 $Q_{gr,ad}$，在同一化验室和不同化验室的误差分别不应超过167.5 J/g 和418.7 J/g。

(3) 应用基低位发热量

试样的应用基高位发热量可由下式求出：

$$Q_{gr,ar} = Q_{gr,ad} - \frac{100\% - M_{ar}}{100\% - M_{ad}} \tag{3-11}$$

扣除试样中水分和氢燃烧成水的凝结放热，即为应用基低位发热量：

$$Q_{net,ar} = Q_{gr,ar} - 226H_{ar} - 25M_{ar} \tag{3-12}$$

式中 M_{ar}——燃料的应用基水分，%；

H_{ar}——燃料中氢的百分含量可由元素分析或根据挥发分含量大小在图3.11中查得，%。

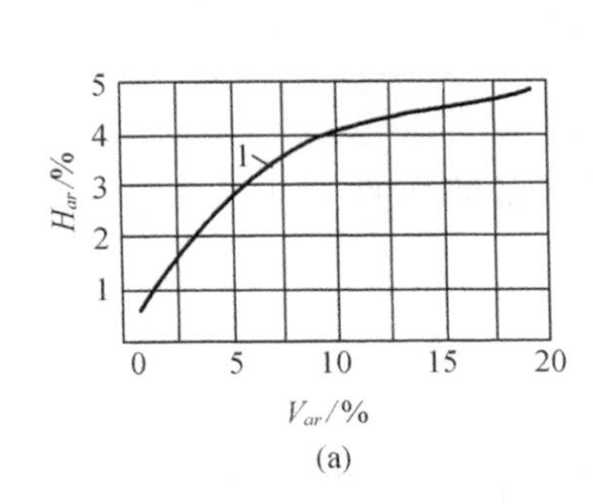

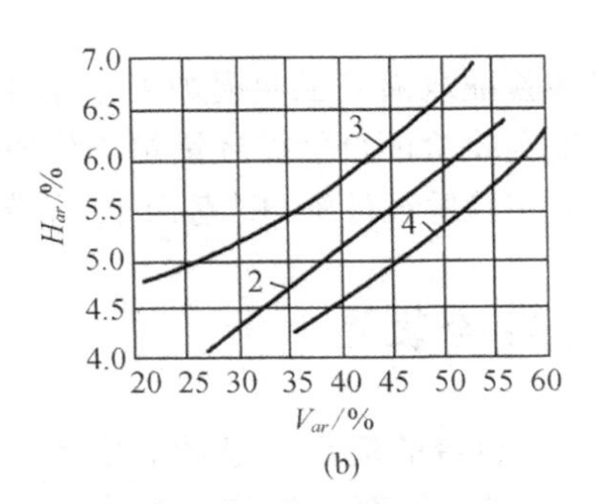

图3.11 煤的挥发分与氮含量的关系

1—适用于 $V_{ar}<20\%$ 的工业无烟煤的曲线；2—适用于 $V_{ar}>20\%$ 的烟煤（坩埚1-2号）的曲线；

3—适用于 $V_{ar}>20\%$ 的烟煤（坩埚3-8号）的曲线；4—适用于褐煤的曲线

3.2.6 思考题

（1）氧弹（弹筒）发热量与高低位发热量有何区别？燃料在锅炉炉膛中所能释放出来的热量是哪一种发热量，为什么？

（2）测定发热量的实验室应具备什么条件？

（3）常用的热量计有哪几种类型，它们的差别是什么？

（4）贝克曼温度计的量程仅5~6 ℃，为什么可以用于燃料发热量的温度测量呢？

（5）说明贝克曼温度计的基点温度，如何调整确定？

（6）什么是露出柱温度变化校正？什么是露出柱温度校正？二者的区别何在，各自如何校正？

（7）量热计的热容量是什么意思，如何确定？

（8）对于燃烧时易于飞溅的试样或不易燃烧完全的试样（如高灰分无烟煤），或发热量过低但却能燃烧完全的试样，在发热量测定时应相应采取些什么技术措施？

(9)如何减少周围环境温度对发热量测定结果的影响？你能设计(设想)一种较为理想的量热计吗？

3.3 自然循环锅炉锅内过程实验

3.3.1 实验目的

(1)认识和验证双锅筒工业锅炉工作原理。

(2)半定量实验验证自然循环锅炉工作原理。

(3)半定量实验验证停滞、倒流、下降管带汽等故障中的一种。

3.3.2 实验装置

图 3.12 为实验台的流程示意图。实验台包括上锅筒(钢制,顶部有排汽管通向大气)、下锅筒(钢制,底部有放水管)、3 根下降管(石英玻璃管)、6 根水冷壁(石英玻璃管,外面缠绕电炉丝,电炉丝的两端接在调压器的输出端上)、调压器(通过调节电压来调节水冷壁的加热功率。调压器 I 控制第一、第四回路;调压器 II 控制第二、第五回路;调压器 III 控制第三、第六回路)。

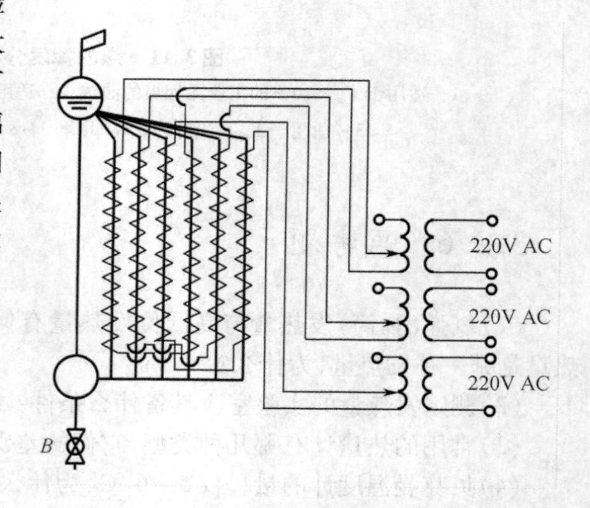

图 3.12 工业锅炉演示实验台流程图

3.3.3 实验原理

工业锅炉包括热水锅炉和蒸汽锅炉两类。工业锅炉的容量一般都小于 65 t/h,蒸汽参数都小于 2.5 MPa,350 ℃。因此工业锅炉的蒸发受热面吸热量在总的吸热量中的比例很高,水冷壁的结构从炉底延伸到炉顶。本实验台采用了这种结构,工业锅炉基本上都是双锅筒、下降管、水冷壁结构。双锅筒锅炉的工作原理是水冷壁中的工质(热水或者汽水混合物)密度小于下降管中的工质(热水)的密度。

$\Delta\rho gH$ 就是工业锅炉水循环的动力,其中 $\Delta\rho$ 是下降管中热水密度与水冷壁中热水或者汽水混合物的密度之差,重力加速度 $g=9.806\ m/s^2$,H 为锅炉循环回路的有效高度。工业锅炉循环水路的阻力包括:沿程阻力(下降管、上升管部分的沿程阻力)。和局部阻力(含下锅筒、上锅筒、联箱等后壁元件的入口和出口部分的局部阻力)。循环回路中的工质在 $\Delta\rho gH$ 驱动下不断循环,在水冷壁中被加热成参数合格的热水或者水蒸气。一般而言,工业锅炉的循环倍率 $K>15$,水循环特性稳定。

本实验台的特点是加热原件功率小,观察自然循环特性耗费的时间比较长。

3.3.4　实验内容和要求

1. 实验内容

(1)观察热态实验台自然循环锅炉的工作过程。

(2)观察停滞、倒流、下降管带汽等现象中的至少一种。

(3)调整加热功率 P(任何一组调压器的输出的电压不得超过 200 V。电压参数通过电压表观察,通过调压器旋转手轮控制),记录水冷壁中工质的上升速度 w_h。

(4)分析电热丝的加热功率与水冷壁中工质的上升速度之间的关系。

(5)分析实验台产生停滞、倒流、下降管带汽等现象的原因。

(6)给出改进实验效果和精度的建议。

2. 实验要求

表 3.5　自然循环锅内过程实验工况表

工况编号	电压/V AC	第一组	第二组	备　注
1	150	√	√	各工况分别记录实验室干球温度、湿球温度、相对湿度。
2	175	√	√	
3	200	√	√	

实验内容:

(1)每一个工况都要记录 6 个气泡的平均运动速度 $\bar{w}$;以及 6 个气泡产生时刻之间的时间间隔(5 个 Δt)。

(2)观察两组对称循环回路的运行特征,分析比较,得出结论。

(3)为了避免不必要的误操作引起的实验台损坏,由实验指导教师调整上升管加热元件两端的电压,参与实验的学生记录实验数据。

3. 实验步骤

(1)将上锅筒水位控制在中心线附近;

(2)打开总电源;

(3)将3组调压器输出电压调到110 V;

(4)加热20 min;

(5)观察自然循环过程;

(6)从下联箱放水管放水,将上联箱水位控制在10 mm左右;

(7)将2组调压器输出电压调到180 V,另外一组调压器输出电压调到100 V;

(8)观察停滞、倒流、下降管带汽现象;

(9)将3组调压器输出电压恢复到0 V;

(10)记录实验室的干湿球温度计读数;

(11)清理实验现场的水、各种杂物;

(12)经过实验指导教师确认无误后,离开实验室。

3.3.5 注意事项

(1)参加实验的学生携带钢笔、笔记本、计算器;

(2)参加实验的学生按照实验指导书的要求认真操作每一步骤,安全地、规范地完成实验任务;

(3)每组实验都要确认组长;

(4)做完实验的同学将实验台恢复成原始实验状态,打扫实验室卫生、在实验记录本上签字、书写时间并请实验指导教师检查,参与实验的每一组同学在得到实验指导教师的批准方可离开实验室;

(5)未经实验指导教师许可自行离开实验室的同学,该学生本次实验成绩按照0分计。

3.3.6 思考题

(1)结合实验台的结构分析自然循环锅炉的工作原理。

(2)分析实验过程中停滞、倒流、下降管带汽等现象的原因。

(3)对自己在实验中观察到的意外现象以及感兴趣的现象作出具有热能动力工程意义的分析与讨论。

3.4　过热器流量偏差实验

3.4.1　实验目的

(1)验证过热器联箱的 Z 形连接管屏中的流量分配特性。
(2)验证过热器联箱的 U 形连接管屏中的流量分配特性。
(3)验证过热器联箱的多管连接管屏中的流量分配特性。

3.4.2　实验装置

过热器流量分配冷态实验台如图 3.13 所示。

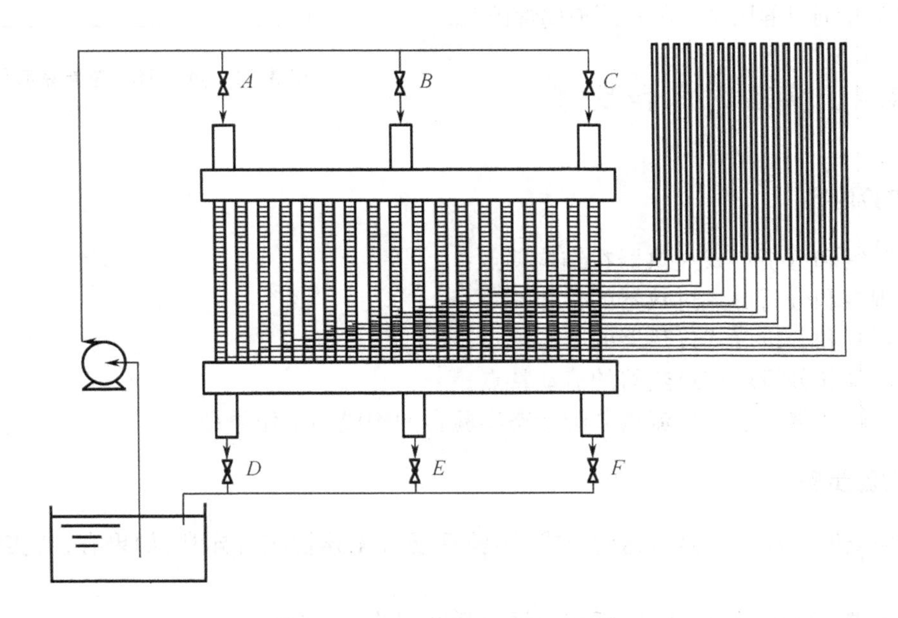

图 3.13　过热器流量分配实验台示意图

由两根长度相等、平行布置的联箱之间布置 20 根过热器蛇管组成管屏。两个联箱分别在中间点和两端安装了管接头,管接头的出口处都安装有球阀。对应于每一根蛇形管的入口位置,入口联箱上安装了水柱静压测点;对应于每一根蛇形管的出口位置,出口联箱上安装了水柱静压测点,如图 3.14 所示。

3.4.3 实验原理

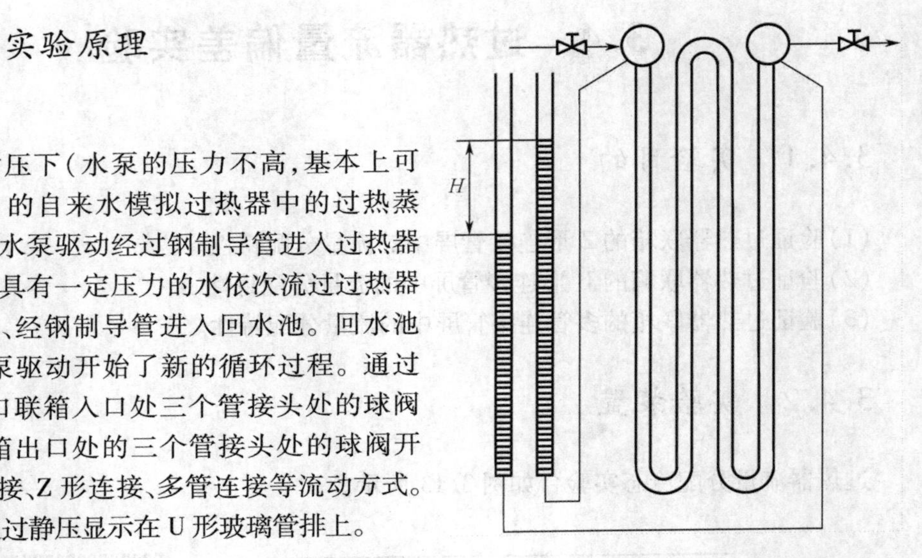

图3.14 过热器蛇管管屏示意图

用常温、常压下(水泵的压力不高,基本上可以认为是常压)的自来水模拟过热器中的过热蒸汽,自来水经过水泵驱动经过钢制导管进入过热器入口联箱,然后具有一定压力的水依次流过过热器管屏、出口联箱、经钢制导管进入回水池。回水池中的水经过水泵驱动开始了新的循环过程。通过控制过热器进口联箱入口处三个管接头处的球阀开度和出口联箱出口处的三个管接头处的球阀开度,实现U形连接、Z形连接、多管连接等流动方式。各管屏的流量通过静压显示在U形玻璃管排上。

3.4.4 实验内容和步骤

1. 实验内容

(1)观察和分析屏式过热器在结构特点;
(2)观察和分析屏式过热器的传热特点;
(3)观察和分析屏式过热器的膨胀特点;
(4)观察和分析屏式过热器的流动特点;
(5)了解和掌握过热器流量分配冷态实验台的构成和工作原理。

2. 实验步骤

(1)检查回水池水位是否达到要求,实验现场有无异物或者异常,如果有,与实验指导教师联系;
(2)将进口联箱和出口联箱所有的阀门开度调节到100%;
(3)开启水泵,运行5 min;
(4)如果没有异常声音,控制进口联箱和出口联箱的球阀将过热器调节成U形连接方式;
(5)水泵运行60 s以后,观察并记录U形玻璃管排的读数;
(6)如果U形玻璃管排的读数不稳定,检查原因,调整到读数稳定的状态,然后记录;
(7)控制进口联箱和出口联箱的球阀将过热器调整成Z形连接方式,水泵运行10 min以后，观察并记录 U 形玻璃管排的读数；

(8) 如果 U 形玻璃管排的读数不稳定，检查原因，调整到读数稳定的状态，然后记录；

(9) 控制进口联箱和出口联箱的球阀将过热器调整成多管连接方式，水泵运行 10 min 以后，观察并记录 U 形玻璃管排的读数；

(10) 如果 U 形玻璃管排的读数不稳定，检查原因，调整到读数稳定的状态，然后记录；

(11) 将过热器所有的阀门开度调整到 100%；

(12) 请实验指导教师检查现场，确认实验台无故障以后，关闭水泵电源，离开实验室。

表 3.6　过热器流量偏差实验工况表

工况编号	需要全开阀门	需要全开阀门	第一组	第二组	备　注
1	A	F	√	√	
2	A	D	√	√	
3	ABC	DEF	√	√	
4	A	DEF	√		
5	B	DEF	√		
6	C	DEF	√		
7	AC	DEF	√		
8	A	EF	√		
9	A	DE	√		
10	B	E	√		
11	B	F	√	√	
12	B	DF		√	
13	C	DE		√	
14	C	DF		√	
15	AB	DE		√	
16	AB	DF		√	
17	BC	DE		√	
18	BC	DF		√	

说明：①没有在表中列出的阀门，需要全部关闭。②启动水泵前，将 ABC，DEF 阀门全部打开。③更换工况时，先将下一工况的阀门打开，再将当前工况的阀门关闭。④实验完成以后将 ABC，DEF 置于全开状态，运行 3 min，确认无异常情况后，关闭电源。

3.4.5 思考题

(1)分析过热器的流量偏差现象及其原因。

(2)分析过热器的工质与烟气的流动方向之间的关系以及提高过热器运行安全性的技术措施。

(3)对自己的实验中观察到的意外现象以及感兴趣的现象作出具有热能动力工程意义的分析与讨论,在调研文献的基础上分析与讨论,列出所参考的文献。

3.5 直流锅炉锅内过程实验

3.5.1 实验目的

(1)验证直流锅炉工作原理:循环倍率等于1.0。

(2)验证停滞、倒流原理。

(3)验证垂直管屏的热偏差特性。

3.5.2 实验装置

实验装置为直流锅炉原理热态演示实验台。如图3.15所示为直流锅炉原理实验台流程图。

3.5.3 实验原理

水泵将回水池中的水驱动流过3级串联的电加热石英玻璃垂直管屏。电加热装置分为3组,可以独立调节功率。

三级串联的石英玻璃垂直蒸发管屏在电热丝的加热下,将管中的自来水加热成水蒸气。来自回水池的自来水由水泵驱动依次流过三级垂直管屏,完全加热成蒸汽(循环倍率 $K=1.0$)。由于垂直管屏的不同管子加热功率不同,可能会出现停滞、倒流现象以及同一组管屏中流量分配不均现象,从而出现热偏差。

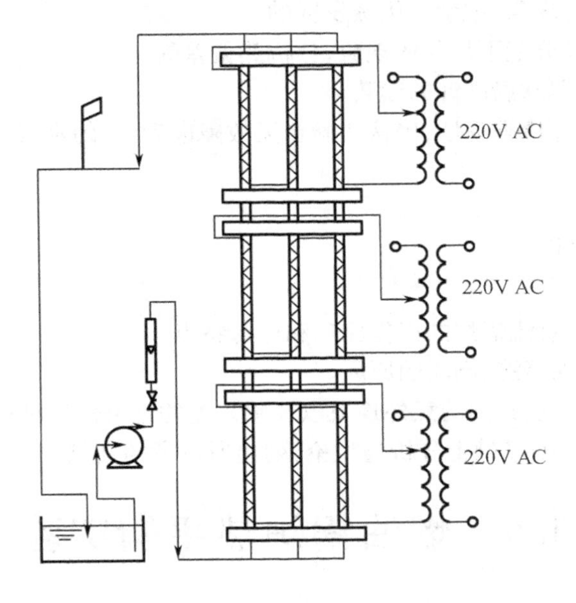

图3.15 直流锅炉原理实验台流程图

3.5.4 实验内容和步骤

1. 实验内容

(1)验证直流锅炉工作原理;
(2)验证直流锅炉蒸发管屏的停滞、倒流现象;
(3)验证同一组管屏中流量分配不均现象;
(4)操作实验台,记录相关数据,撰写、提交实验报告。

2. 实验步骤

(1)检查实验台现场是否有异物或者有异常现象,如果有,与实验指导教师联系;
(2)打开水泵和给水阀,为受热面注水;
(3)开启三组电源,第一级蒸发屏的功率最大,第二级蒸发屏的功率居中,第三级蒸发屏的功率最低;
(4)观察、验证直流锅炉工作原理;
(5)水泵运行10 min以后,观察并记录U形玻璃管排的读数;

(6)观察停滞、倒流现象,记录三级蒸发屏的电压等数据;

(7)观察、记录流量分配不均匀的现象,分析热偏差的原因;

(8)记录实验室干湿球温度计的读数;

(9)请实验指导教师检查现场,确认实验台无故障以后,关闭水泵电源、三级蒸发屏电源,离开实验室。

3.5.5 思考题

(1)分析低温、低压直流锅炉的工作原理和运行特点。

(2)分析实验台出现停滞、倒流的原因。

(3)对自己的实验中观察到的意外现象以及感兴趣的现象作出具有热能动力工程意义的分析与讨论,在调研文献的基础上分析与讨论,列出所参考的文献。

3.6 燃油锅炉热平衡实验

3.6.1 实验目的

1. 掌握燃油锅炉的热平衡实验的原理和方法。

2. 掌握锅炉烟气温度、炉内压力、蒸汽流量、蒸汽压力的测试方法。

3.6.2 实验装置

实验装置包括 WNS 0.5/1.0 - Y 燃油锅炉本体;锅炉给水系统(软化水系统,软化水箱,给水泵,水位计,水位讯号器,给水自动控制系统);燃烧系统(燃烧机,油箱,过滤器,燃烧控制系统);蒸汽系统(分汽缸,压力表,孔板流量计)。

1. 锅炉本体结构

如图 3.16 所示为湿背式、对称型、三回程卧式内燃式室燃炉。该锅炉筒体与管板采用对接焊缝,回燃室与炉胆及喉管均采用扳边后再焊接;炉胆为波纹炉胆;锅壳与管板之间采用圆钢斜拉撑,回燃室与后管板之间则采用短拉撑杆加以补强。

2. 锅炉给水系统

由 Na 离子交换器进行水质软化,去掉钙镁离子,将软化水送入软化水箱,由给水泵将水送

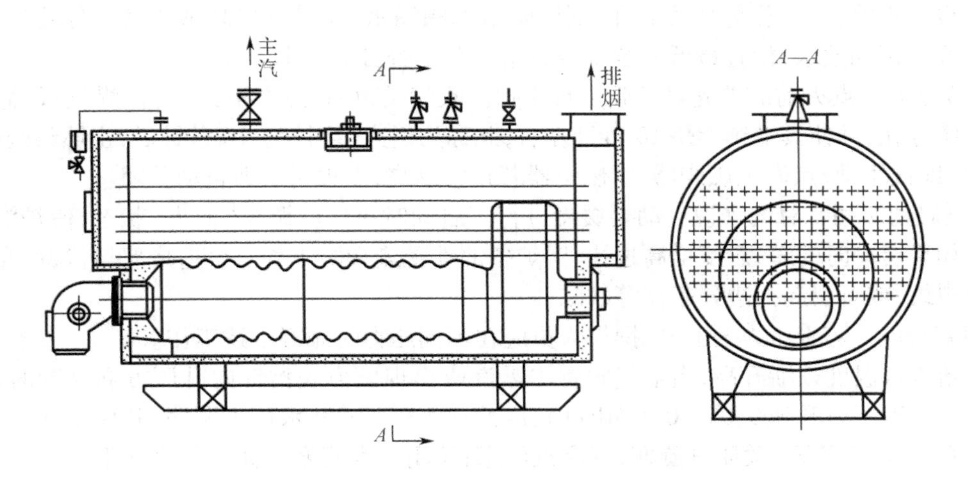

图3.16　锅炉本体结构示意图

入锅炉内，锅炉水位由水位控制系统控制给水泵，达到额定水位后，自动停止给水泵，停止给水。

3. 燃油系统

由油箱压差自动给油，经过滤器进入燃烧机，燃烧机先启动风机，将炉膛吹干净后，喷油点火。

4. 蒸汽系统

由主蒸汽管送入分汽缸，再由分汽缸分别向各用户送汽。

5. 锅炉操作步骤

(1)检查锅炉内、外部。锅筒内有无遗留的工具和其他杂物，手孔门上好，拧紧；炉膛受热面、绝热层是否完好，炉膛内是否有残留燃料油或油垢，燃烧设备是否良好，烟道有无杂物。

(2)检查主要安全附件、热工仪表和电器仪表。安全阀、水位表、压力表要灵敏可靠。

(3)检查给水设备和汽水管道，各阀门按启动的要求调整，软水箱应有足够的储水。

(4)检查油系统及安全附件，阀门装配，开关位置是否正确。

(5)打开软化水装置，进行水处理。

(6)开启水泵出口阀，向锅炉进水。进水的水质应符合锅炉给水标准，进水速度要缓慢，水温不宜过高，一般水温20 ℃左右为好。上水时发现人孔盖，手孔盖或法兰结合面有漏水时应暂停上水，拧紧螺丝，无漏水后再继续上水。当锅炉水位升至水位表正常水位指示处时，给水泵应能停止运转。此时，不要急于点火，要观察水位是否维持不变，如水位逐渐降低，应查明原因设法消除，如水位仍继续上升，则说明给水阀漏水，应进行修理或更换。停止给水后，还应试开排污阀放水，检查最低安全水位时给水泵是否自动进水。

(7)点火　点火前应首先对炉膛进行吹扫。吹扫结束后，点燃引火燃料（煤气或燃油）反映火焰的存在，并使其继续燃烧10秒钟左右，此称为引火牵引期。10秒钟后，主燃料阀（煤气或燃油）即被驱动，点燃主燃烧器，主燃烧器若正常燃烧，点火系统即自动关闭。

(8)启动时间　总的来说启动要缓慢进行。启动时火焰应调至“低火”状态，使炉温逐渐升高。如果启动时间短，温度增高过快、锅炉各部件受热膨胀不均。会造成胀口渗漏，角焊缝处出现裂纹，或者引起扳边处起槽等缺陷。

(9)升压　随着压力的上升，操作人员应在不同压力时做好下述工作。

①随着水温度逐渐升高，当空气阀冒出雾汽或出现压力表指针向升压方向移动时，关闭空气阀。②当压力升到0.05~0.1 MPa时，应冲洗水表。冲洗水位表顺序：开启放水旋塞；关闭水旋塞；开用水旋塞；关闭汽旋塞；开启汽旋塞；关闭放水旋塞。如水位迅速上升，并有轻微波动，表明水位正常；如果水位上升很缓慢，表明水位表有堵塞现象，应重新冲洗印检查。③当压力升到0.1~0.15 MPa时，冲洗压力表存水弯管。④当压力升到0.2~0.3 MPa时，检查各连接处有无渗漏现象。对松动过的螺丝再拧紧一次。⑤当压力升到0.2~0.3 MPa时，进行一次排污，以均衡各部分炉水温度。排污前应进水至高水位，排污时要注意观察水位，排污后要关严排污阀，并检查有无漏水现象。

(10)停炉与保养　①锅炉停止使用后，将其内部水垢及铁锈和外部烟灰清理干净，用微火将锅炉烘干。②将盛有干燥剂的无盖盆子放置于停用锅炉的锅筒和炉胆内，并将汽水系统和烟火系统与外界严密隔绝，封闭人孔手孔。③干燥剂一般使用无水氧化钙或生石灰，其需用量可根据锅炉容量进行计算。如用块状无水氧化钙，为1~2 kg/m^3。如用生石灰，则为2~3 kg/m^3。④为了保证干法保养的效果，应定期打开人孔进行检查，如发现干燥剂已成粉状，失去吸湿能力，则应更换新的干燥剂。

3.6.3　实验原理

锅炉热效率是表示进入锅炉的燃料所能放出的全部热量中，被锅炉有效吸收热量所占的百分比。热效率是锅炉的重要技术经济指标，它表明锅炉设备的完善程度和运行管理水平。燃料是重要的能源之一，提高锅炉热效率、节约燃料是锅炉运行管理的一个重要方面。锅炉的热效率的测定有下列两种方法。

1. 正平衡法

用被锅炉利用的热量与燃料所能放出的全部热量之比来计算热效率的方法叫正平衡法，又叫直接测量法。正平衡热效率的计算公式可用下式表示：

$$热效率\ \eta=\frac{被锅炉利用的热量}{燃料所能放出的全部热量}\times 100\%$$

$$=\frac{锅炉蒸发量\times(蒸汽焓-给水焓)}{燃料消耗量\times燃料低位发热量}\times 100\%$$

式中　锅炉蒸发量——实际测定,kg/h;

蒸汽焓——按蒸汽压力由水蒸气表查得,kJ/kg;

给水焓——近似地取给水温度的值,kJ/kg;

燃料消耗量——实际测出,kg/h;

燃料低位发热量——实际测出,kJ/kg。

上述热效率公式没有考虑蒸汽湿度、排污量及耗汽量的影响率的粗略计算。

从上述热效率计算公式可以看出,正平衡试验只能求出锅炉的热效率,而不能得出各项热损失。因此,通过正平衡试验只能了解锅炉的蒸发量大小和热效率的高低,不能找出原因,无法提出改进的措施。

2. 反平衡法

通过测定和计算锅炉各项热量损失,以求得热效率的方法叫反平衡法,又叫间接测量法。此法有利于对锅炉进行全面的分析,找出影响热效率的各种因素,提出提高热效率的途径。反平衡热效率可用下列公式计算。

$$热效率\ \eta=100\%-各项热损失的百分比之和$$

$$=100\%-(q_2+q_3+q_4+q_5+q_6)\times 100\% \quad (3-13)$$

式中　q_2——排烟热损失;

q_3——气体未完全燃烧热损失;

q_4——固体未完全燃烧热损失;

q_5——散热损失;

q_6——灰渣物理热损失。

从上式可以看出,锅炉的热损失有下列五项。

(1)排烟热损失 q_2　燃油锅炉从烟囱排出的烟气温度一般都在 200 ℃左右,因而带走很多的热量,这就造成了锅炉的排烟热损失 q_2,这是锅炉的一项主要热损失。排烟温度越高,过剩空气系数越大,排烟热损失也越大。一般排烟温度每升高 12 ~ 15 ℃,排烟热损失就将增加 1% 左右。工业锅炉的排烟热损失约为 8% ~ 12%。为了降低排烟热损失,常采取增加锅炉尾部受热面、降低排烟温度、控制过剩空气系数、杜绝烟道漏风、减少排烟量等措施来提高锅炉的热效率。

(2)气体未完全燃烧热损失 q_3　燃料在炉膛内燃烧,由于供给的空气量不足,空气与可燃气体混合不良,炉膛容积不够大或炉膛内温度过低,燃烧过程进行太慢,烟气流出太快等原因，烟气中的一部分可燃气体（一氧化碳、氢气、甲烷等）没有燃烧就随烟气被排出炉外，这就是气体未完全燃烧热损失 q_3。一般锅炉只要供风适当、混合良好、炉温正常，这项热损失对于火室炉就可控制在1%～3%。

（3）固体未完全燃烧热损失 q_4　燃料在炉膛内燃烧后形成飞灰和炉渣，其中含有一定量的可燃物，这部分可燃物本应烧尽放出全部热量，但被排出炉外，造成热量损失，这就是固体未完全燃烧热损失 q_4。它主要包括漏煤、炉渣和飞灰等三部分造成的热损失，分别用 q_4^{LF}，q_4^{LZ} 和 q_4^{FH} 表示。对于层燃炉，q_4 约为5%～15%，而燃油锅炉此项可不计。

（4）散热损失 q_5　由于锅炉内的温度很高，所以总有一部分热量通过炉墙及炉体保温层的表面，散发到周围空气中去，这就是散热损失 q_5。散热损失与炉墙结构、保温材料、散热面积及其表面温度等因素有关，一般约为1%～3.5%。工业锅炉的炉墙及表层温度应不超过50 ℃。

（5）灰渣物理热损失 q_6　由于排出炉外的灰渣具有很高的温度，一般都在600 ℃以上，所以也带走了一部分热量，这就是灰渣物理热损失 q_6。燃油锅炉则无此项损失。

由此可见，提高锅炉热效率的途径，就是使燃料充分燃烧放出热量，使锅炉各受热面充分吸收热量，并采取有效措施，使各项热损失降低到最低的限度，从而使锅炉的热效率达到和超过ZBJ98011—88《工业锅炉通用技术条件》规定的指标。

3.6.4　实验步骤

（1）启动给水泵给锅炉供水，达到规定值后自动停止。

（2）测量给水温度。

（3）启动锅炉燃烧系统，把风机开关达到自动，燃烧按钮开到小火。

（4）按开炉按钮开炉，待小火稳定燃烧一段时间后，开关扭到大火燃烧。

（5）稳定一段时间后测出排烟温度。

（6）当炉内蒸汽压力达到0.9 MPa时，变小火燃烧。

（7）打开主蒸汽阀，让蒸汽充满分汽缸。

（8）调节蒸汽出口阀，调节蒸汽流量，当分汽缸压力不变时，测出蒸汽流量 q_m，蒸汽压力 P，燃油流量 B_m。

3.6.5　实验数据测量及处理

1. 正平衡实验

（1）蒸汽流量

①根据孔板流量计测量原理，由孔板流量计的压差变送器测出电流 I 算出压差 Δp

$$\Delta p = -10 + 2.5I(\text{kPa})$$

式中　I——压差变送器电流读数，mV；

Δp——孔板流量计前后压差，kPa。

②蒸汽密度 ρ，根据分汽缸压力 P，查水蒸气表得出蒸汽密度。

③蒸汽流量 q_m

$$q_m = 3\,600 c\varepsilon A_0 \sqrt{2\rho(P_1 - P_2)} = 3\,600 c\varepsilon A_0 \sqrt{2\rho\Delta P}\ \text{kg/h}$$

式中　c——流量系数，$c = 0.602\,08$；

ε——膨胀系数，$\varepsilon = 0.995\,15$；

ρ——流体密度，kg/m^3；

A_0——节流件开孔截面积，$A_0 = \left(\frac{d_0}{2}\right)\pi$，$\text{m}^2$；$d_0 = 0.020\,75$，m。

(2)蒸汽焓

根据蒸汽压力查表，查出蒸汽焓 i_g。

(3)给水焓

根据给水温度查表，查出给水焓 i_{gs}。

(4)锅炉有效吸收热量

$$Q_{吸} = q_m \times (i_g - i_{gs})\ \text{kJ/h}$$

(5)燃油放热量

根据燃油成分查出低位发热量 Q_{dw}

$$Q_{放} = B_m \times Q_{dw}\ \text{kJ/h}$$

(6)锅炉正平衡效率

$$\eta = \frac{Q_{吸}}{Q_{放}} \times 100\%$$

2. 反平衡实验

(1)排烟温度 θ_{py}

实际测出。

(2)排烟热损失 q_2

$$q_2 = [(3.5\alpha_{py} + 0.45)\theta_{py} - 3.4\alpha_{py}t_{lk}]\%$$

式中　α_{py}——过剩空气系数，可以实际测出。

(3)气体不完全燃烧热损失 q_3

由烟气分析仪分析出排烟中 CO，H_2，CH_4 等成分所占份额。计算出气体不完全燃烧热损失：

$$q_3 = 0.11(\alpha_{py} - 0.06)(30.2CO + 25.8H_2 + 85.5CH_4)\%$$

(4)机械不完全燃烧热损失 q_4

对燃油锅炉来说此项损失近似为零。

(5)散热损失 q_5

$$q_5 = \frac{0.465F}{B_m Q_{放}}$$

式中 F——锅炉散热表面积,m^2;

(6)锅炉热效率 η

$$\eta = 100\% - (q_2 + q_3 + q_4 + q_5 + q_6) \times 100\%$$

3.6.6 实验结果分析

1. 根据正反热平衡效率评价锅炉性能。
2. 根据测量结果分析产生测量误差原因。

3.7 燃气锅炉热平衡实验

3.7.1 实验目的

本实验以小型燃气锅炉为例,锅炉的测试工作主要是测定锅炉的输入热量,测定烟气中有害物含量,通过测定实际吸热量等参数进行锅炉热平衡计算,包括正平衡、反平衡计算。通过锅炉热平衡计算,可以确定最佳工况,从而保证锅炉在热效率最高、有害物排出量最小的条件下工作。

通过实验学习锅炉的热工性能测试方法,熟悉锅炉热平衡实验,掌握计算过程与方法。

3.7.2 实验设备

实验台由小型燃气锅炉、板式换热器、循环水泵、热电阻及热电偶测温、燃气流量积算仪、U 型管压力计、0.4 级标准压力表、转子流量计、烟气分析仪、万能输入 8 点巡检仪等组成。可测试小型燃气锅炉的输入热量、热效率等热工性能,结构如图 3.17 所示。

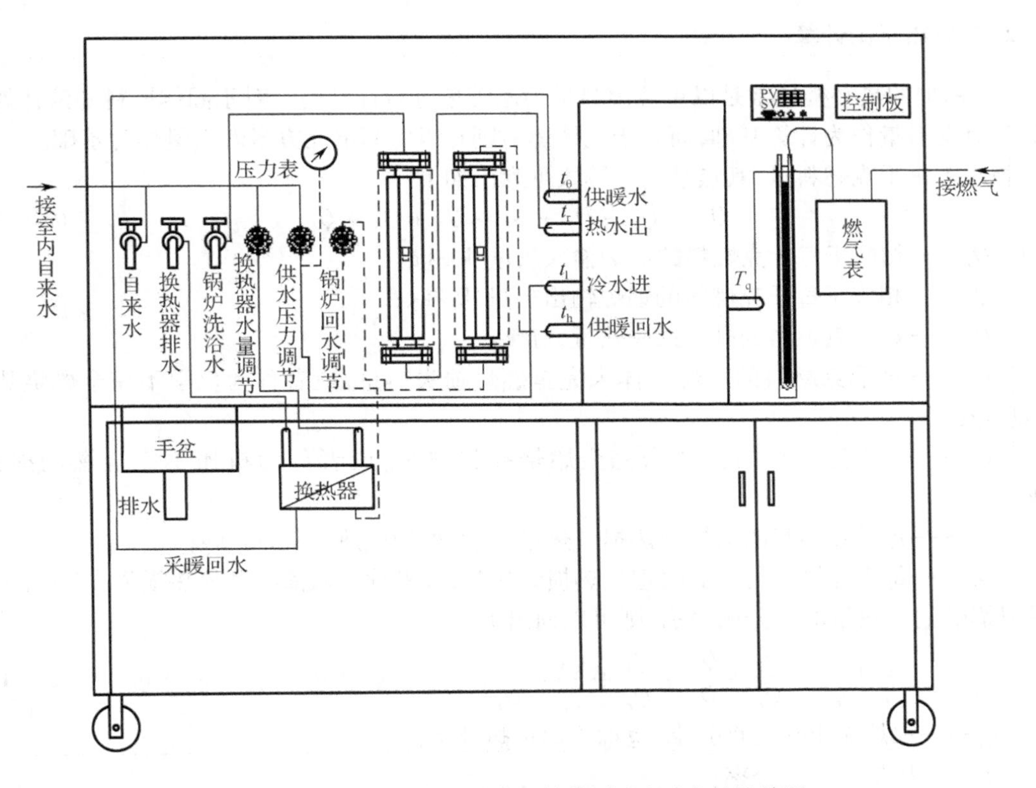

图 3.17　小型燃气锅炉热工性能测试实验台结构简图

3.7.3　实验原理

1. 系统流程

(1)燃气系统　燃气由燃烧器与空气混合并点燃,产生的热量与锅炉中的水进行热量交换,降温后的烟气排出锅炉。

(2)锅炉水循环系统　锅炉中的水吸收燃气燃烧放出的热量后,通过管道进入板式换热器,与板式换热器的自来水换热而降温,然后经过浮子流量计后,由循环水泵送入锅炉进行循环。

(3)测量系统　燃气流量用积算仪计量。循环水流量用浮子流量计计量。循环水温度用热电阻传感器测量,由巡检仪显示。排烟温度和烟气成分用烟气分析仪测量。

2. 锅炉热平衡计算

(1)锅炉的热平衡通常是以单位燃料量为基础来进行计算的。对于固体燃料和液体燃料以每千克燃料量作为计算基础,而对于气体燃料则是以每标准立方米燃料量作为基础。

相应于每千克燃料量,其热平衡计算式可列出如下:

$$Q_r = Q_1 + Q_2 + Q_3 + Q_4 + Q_5 + Q_6 \tag{3-14}$$

式中 Q_r——相应于每千克燃料的锅炉输入热量,kJ/kg;

Q_1——相应于每千克燃料的锅炉输出热量,kJ/kg;

Q_2——每千克燃料的排烟损失热量,kJ/kg;

Q_3——每千克燃料的可燃气体未完全燃烧损失热量,或者称为化学不完全燃烧热损失,kJ/kg;

Q_4——每千克燃料的固体未完全燃烧损失热量,或者称为机械不完全燃烧损失,kJ/kg;

Q_5——每千克燃料的锅炉散热损失热量,或者称为散热损失,kJ/kg;

Q_6——每千克燃料的灰渣物理显热损失热量,或者称为灰渣物理显热损失,kJ/kg。

如果以锅炉输入热量的百分比表示,则可以列出下式:

$$1 = \left(\frac{Q_1}{Q_r} + \frac{Q_2}{Q_r} + \frac{Q_3}{Q_r} + \frac{Q_4}{Q_r} + \frac{Q_5}{Q_r} + \frac{Q_6}{Q_r}\right) = q_1 + q_2 + q_3 + q_4 + q_5 + q_6 \tag{3-15}$$

式中 q_1——锅炉输出热量百分率,也称为锅炉热效率;

q_2——排烟损失百分率;

q_3——化学不完全燃烧损失百分率;

q_4——机械不完全燃烧损失百分率;

q_5——锅炉散热损失百分率;

q_6——灰渣物理显热损失百分率。

对于本实验,使用的是气体燃料,Q_4,Q_6 为0;实验测试装置已将燃料按照每单位质量(即千克)计算,处理实验数据时,应按质量计算。

(2)利用正平衡法和反平衡法计算锅炉的热效率

①正平衡法测量锅炉的热效率

$$\eta = q_1 \times 100\% = \frac{Q_1}{Q_r} \times 100\% \tag{3-16}$$

式中 η——锅炉的热效率,%。

用式(3-16)表示的锅炉效率是通过直接测定锅炉输入热量和输出热量后计算得到的,此方法称为直接测量法热效率,也称为正平衡法测量锅炉的热效率。

正平衡法测热效率直接明了,计算也较简单,但是在实际测试工作中,不具备测量燃气流量的条件，尤其对于大型锅炉，直接测量得到的 Q 与 Q_1 值误差较大。所以，正平衡法多用于小型锅炉及热效率比较低的（$\eta<80\%$）的工业锅炉。

在利用正平衡法计算锅炉热效率时，必须确定相当于每千克燃料的输入热量。

输入锅炉的热量共有四项组成，即燃料的发热量，燃料的物理显热，热源加热空气带进的热量和燃油雾化蒸汽带入锅炉的热量。对于本实验项目，没有热源加热空气带进的热量和燃油雾化蒸汽带入锅炉的热量，同时燃料的物理显热相对于其发热量可以忽略不计，只计算燃料的发热量即能保证实验的计算精度。

对于小型燃气锅炉不进行排污时，正平衡效率计算式可表示如下：

$$\eta=\frac{\text{单位时间内水在锅炉中所吸收的热量}}{\text{单位时间内燃气在锅炉内燃烧所放出的热量}}\times 100\%$$

$$\eta=\frac{G\cdot c\cdot(t_2-t_1)}{Q_c\cdot(M_2-M_1)/\tau}\times 100\% \tag{3-17}$$

式中　G——测试时间 τ 内的水量，kg/s；

c——水的比热，$c=4.186\ 1$ kJ/ ℃ · kg；

t_2——回水温度，℃；

t_1——供水温度，℃；

M_1, M_2——实验测试过程中，燃气的初始量和终止量，kg；

Q_c——燃气热值，kJ/kg。

②反平衡法测量锅炉的热效率

式（3－17）也可以表示为

$$\eta=q_1\times 100\%=1-[q_2+q_3+q_4+q_5+q_6]\times 100\% \tag{3-18}$$

在上面的式子中，需要先测量锅炉的各项热损失，再用总的热量扣除热损失的方法来计算锅炉的热效率，因此按照式（3－16）来计算锅炉效率称为间接测量法测热效率，也称为反平衡法测定锅炉的热效率。实验中需要测定和计算以下数据。

a. 排烟温度 θ_{py}：实际测出。

b. 排烟热损失 q_2

$$q_2=[(3.5\alpha_{py}+0.45)\theta_{py}-3.4\alpha_{py}t_{lk}]\% \tag{3-19}$$

式中　α_{py}——过剩空气系数，可以通过排烟氧含量计算得出。可应用下式计算：

$$\alpha_{py}=\frac{21}{21-O_2} \tag{3-20}$$

c. 气体不完全燃烧热损失 q_3

由烟气分析仪分析出排烟中 CO, H_2, CH_4 等成分份额，计算出气体不完全燃烧热损失。

$$q_3=0.11(\alpha_{py}-0.06)(30.2CO+25.8H_2+85.5CH_4)\% \tag{3-21}$$

d. 机械不完全燃烧热损失 q_4

对燃气锅炉，此项热损失为零。

e. 散热损失 q_5

$$q_5 = \frac{0.465F}{B_m Q_{放}} \tag{3-22}$$

式中 F——锅炉散热表面积，m^2。

f. 灰渣物理热损失 q_6

对燃气锅炉，此项热损失为零。

用反平衡法测热效率，不要求测量燃气的消耗量及锅炉的生产的蒸汽（或热水）量。但是需要分析烟气的成分，测量排烟温度并分析锅炉有关资料，根据这些数据计算出各项热损失，最后用公式（3-18）计算热效率。

3.7.4 实验步骤

（1）检查燃气系统的气密性。打开燃气表前阀门，待U型管压力计上升后，立即关闭该阀门。观察U型压力计中液面是否变化，若下降，表明漏气，用肥皂液检查漏气点并修理，再检查，直至不漏气为止。

（2）向锅炉系统充满水。管路不得漏水、渗水，否则应进行检修至满足要求为止。

（3）打开电源开关，检查温度显示是否正常。

（4）插上锅炉电源插头，观察供电是否正常。在正常的情况下，关闭燃气表前阀门，启动锅炉进行试运转。这时水泵、风机运行，燃烧机有点火放电声，然后会自动停机。

（5）打开燃气表前阀门，启动燃气锅炉，锅炉会正常运行，这时巡检仪上指示的采暖回水、供水水温将逐渐增高。

（6）燃烧、温度稳定后，即可以进行测试：首先记录煤气表的初始读值 M_1，然后记录供回水温度（应每隔一定的时间间隔读一次值，最后取平均值）、循环水流量及室内环境温度等参数。利用烟气分析仪测量排烟温度、烟气成分并记录。到达预定测试时间时，记录煤气表的终止读数 M_2 并结束测试。

3.7.5 数据记录及计算

表3.7 实验数据记录表

项目	单位	第一次值	第二次值	平均值
室内温度	℃			

表 3.7(续)

项目		单位	第一次值	第二次值	平均值
燃气热值		kJ/kg			
输入热量测定	测试所用时间	s			
	流量计初读值 M_1	kg			
	流量计终读值 M_2	kg			
	输入热量	kW			
有效利用热量测定	水体积流量	L/h			
	循环水初温 t_1	℃			
	循环水终温 t_2	℃			
	有效利用热量	kW			
排烟温度		℃			
烟气成分	烟气中 O_2 含量	%			
	烟气中 CO 含量	%			
	烟气中 CO_2 含量	%			

3.7.6　思考题

(1)为什么对于燃气锅炉 q_4,q_6为 0?

(2)计算 q_5时应了解哪些锅炉参数?

第4章　换热器实验

换热器实验的内容主要为测定换热器的总传热系数,对数传热温差和热平衡误差等,并就不同换热器、不同流动方式、不同工况的传热情况和性能进行比较和分析。

4.1　水-水换热器性能综合实验

换热器性能测试实验,主要对应用较广的间壁式换热器中的三种换热:套管式换热器、板式换热器和列管式换热器进行其性能的测试。其中,对套管式换热器和板式换热器可以进行顺流和逆流两种流动方式的性能测试,而对列管式换热器只能作一种流动方式的性能测试。

4.1.1　实验目的

(1)熟悉换热器性能的测试方法,了解影响换热器性能的因素。

(2)掌握间壁式换热器传热系数的测定方法。

(3)了解套管式换热器、板式换热器和列管式换热器的结构特点及其性能的差别。

(4)加深对顺流和逆流两种流动方式换热器换热能力差别的认识。

(5)熟悉流体流速、流量、压力、温度等参数的测量技术。

4.1.2　实验装置

本实验装置采用冷水,可用阀门换向进行顺逆流实验,如工作原理图4.1所示。换热形式为热水-冷水换热式。实验装置简图如图4.2所示。

本实验台的热水加热采用电加热方式,冷-热流体的进出口温度采用巡检仪显示,采用温控仪控制和保护加热温度。实验台参数如下。

1. 换热器换热面积{F}

(1)套管式换热器　　　0.45 m^2

(2)板式换热器　　　0.11 m^2

(3)列管式换热器　　　1.05 m^2

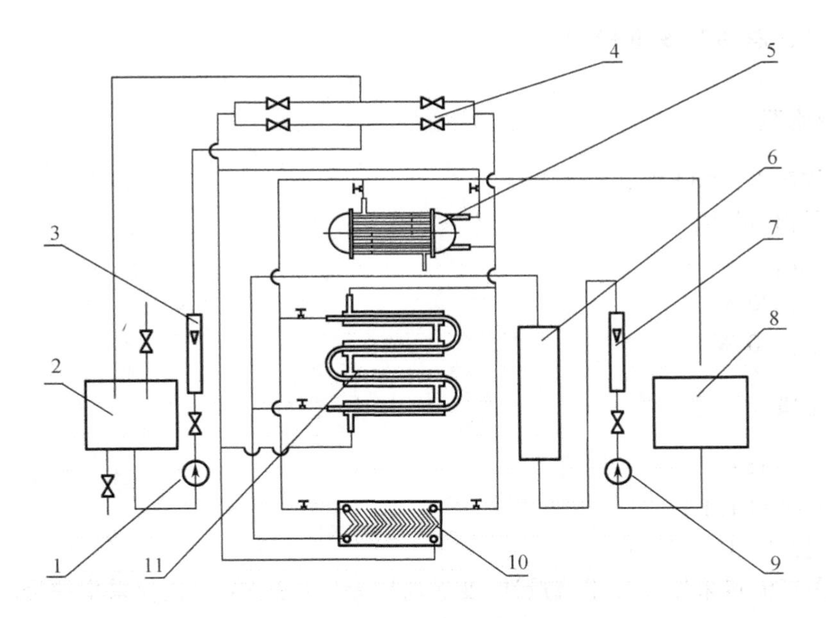

图4.1 换热器综合实验台原理图

1—冷水泵;2—冷水箱;3—冷水浮子流量计;4—冷水顺逆流换向阀门组;5—列管式换热器;6—电加热水箱;7—热水浮子流量计;8—回水箱;9—热水泵;10—板式换热器;11—套管式换热器

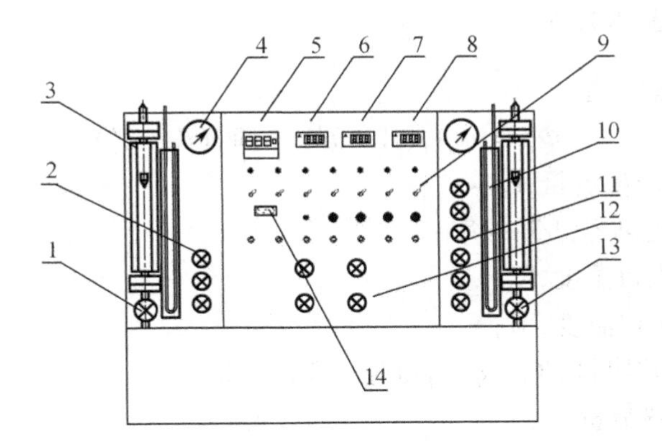

图4.2 实验装置简图

1—热水流量调节阀;2—热水套管、板式换热器、列管启闭阀门组;3—冷水流量计;4—换热器进口压力表;5—数显温度计(计算机采集使用万能信号输入8电巡检仪);6—电压表;7—电流表;8—电流表;9—开关组;10—冷水出口压力计;11—冷水套管、板式换热器、列管启闭阀门组;12—逆顺流转换阀门组;13—冷水流量调节阀; 14—通信接口(有接口时)

2. 电加热器总功率(9.0 kW)

3. 冷、热水泵

允许工作温度:≤80 ℃;
额定流量:3 m^3/h;
扬程:12 m;
电机电压:220 V;
电机功率:370 W。

4. 转子流量计型号

型号:LZB－15;
流量:40～400 L/h;
允许温度范围:0～120 ℃。
计算机采集流量采用文丘里流量计,变送器用差压传感器,巡检仪采集信号。

4.1.3 实验原理

1. 换热器计算的基本方程

热流体1的放热热流量:

$$\Phi_1 = m_1 c_1 (t_1' - t_1'') = W_1 (t_1' - t_1'') \tag{4-1}$$

式中 m_1——热流体质量流量,kg/s;
c_1——热流体比热容,J/kg·℃;
t_1'——热流体入口温度,℃;
t_1''——热流体出口温度,℃;
W_1——热流体热容量,$W_1 = q_{m1} c_1$,J/s·℃。

冷流体2的吸热热流量

$$\Phi_2 = m_2 c_2 (t_2'' - t_2') = W_2 (t_2'' - t_2') \tag{4-2}$$

式中 m_2——冷流体质量流量,kg/s;
c_2——冷流体比热容,J/kg·℃;
t_2'——冷热流体入口温度,℃;
t_2''——冷热流体出口温度,℃;

W_2——冷流体热容量，$W_2 = q_{m2} c_2$，J/s · ℃。

换热器的传热热流量

$$\Phi = \int_A \mathrm{d}\Phi = \int_A K(t_1 - t_2)\mathrm{d}A \tag{4-3}$$

式中　$\mathrm{d}\Phi$——通过微元传热面传热热流量，W；

$t_1 - t_2$——微元面两侧流体的温差，℃；

$\mathrm{d}A$——微元面面积，m^2；

K——传热系数，$\mathrm{W}/(\mathrm{m}^2 \cdot ℃)$。

通常，为简化计算，换热器的传热热流量可以用平均传热系数 K_m 及平均温差 Δt_m 来表示，即

$$\Phi = K_m \Delta t_m A \tag{4-4}$$

式中　K_m——平均传热系数，$\mathrm{W}/(\mathrm{m}^2 \cdot ℃)$；

Δt_m——平均温差，℃；

A——传热面积，m^2。

如果略去换热器向外界的散热热流量，则通过换热器的传热热流量、热流体的放热热流量及冷流体的吸热热流量三者相等。

2. 平均温差

对于顺流、逆流热交换器均可适用的平均温差计算公式为

$$\Delta t_m = \frac{\Delta t'' - \Delta t'}{\ln \dfrac{\Delta t''}{\Delta t'}} \tag{4-5}$$

由于其中包含了对数项，常称这种平均温差为对数平均温差，以 Δt_m 或 LMTD 表示。如不分传热面的始端和终端，而用 $\Delta t_{\max}$ 代表 $\Delta t''$ 和 $\Delta t'$ 中之大者，以 $\Delta t_{\min}$ 代表两者中之小者，则对数平均温差可统一写成

$$\Delta t_m = \frac{\Delta t_{\max} - \Delta t_{\min}}{\ln \dfrac{\Delta t_{\max}}{\Delta t_{\min}}} \tag{4-6}$$

如果流体的温度沿传热面变化不太大，例如当 $\dfrac{\Delta t_{\max}}{\Delta t_{\min}} \leqslant 2$ 时，可用算术平均的方法计算平均温差，称算术平均温差，即

$$\Delta t_m = \frac{1}{2}(\Delta t_{\max} + \Delta t_{\min})$$

算术平均温差恒高于对数平均温差，与对数平均温差相比较，其误差在 +4% 范围之内，这是工程计算中所允许的。而当 $\Delta t_{\max}/\Delta t_{\min} \leqslant 1.7$ 时，误差可不超过 +2.3%。

4.1.4 实验操作

1. 实验前准备

(1)熟悉实验装置及使用仪表的工作原理和性能;

(2)打开所要实验的换热器阀门,关闭其他阀门;

(3)按顺流(或逆流)方式调整冷水换向阀门的开或关;

(4)向冷－热水箱充水,禁止水泵无水运行(热水泵启动,加热才能供电)。

2. 实验操作

(1)接通电源;启动热水泵(为了提高热水温升速度,可先不启动冷水泵),并尽可能地调小热水流量到合适的程度;

(2)将加热器开关分别打开(热水泵开关与加热开关已进行连锁,热水泵启动,加热才能供电);

(3)用巡检仪观测温度(计算机采集带变送输出),待冷－热流体的温度基本稳定后,即可测读出相应测温点的温度数值,同时测读转子流量计冷－热流体的流量读数,把这些测试结果记录在实验数据记录表中;

(4)如需要改变流动方向(顺－逆流)的实验,或需要绘制换热器传热性能曲线而要求改变工况[如改变冷水(热水)流速(或流量)]进行实验,或需要重复进行实验时,都要重新安排实验,试验方法与上述实验基本相同,并记录下这些实验的测试数据。

(5)实验结束后,首先关闭电加热器开关,5 min 后切断全部电源。

表 4.1 实验数据记录表

换热器名称: 环境温度 t_0/℃

顺逆流	热流体			冷流体		
	进口温度 t_1' /℃	出口温度 t_1'' /℃	流量计读数 V_1 /(L/h)	进口温度 t_2' /℃	出口温度 t_2'' /℃	流量计读数 V_2 /(L/h)
顺流						

表 4.1(续)

顺逆流	热流体			冷流体		
	进口温度 t_1' / ℃	出口温度 t_1'' / ℃	流量计读数 V_1 /(L/h)	进口温度 t_2' / ℃	出口温度 t_2'' /℃	流量计读数 V_2 /(L/h)
逆流						

4.1.5　实验数据处理

1. 数据计算

热流体放热量：

$$\Phi_1 = c_1 m_1 (t_1' - t_1'')$$

冷流体吸热量：

$$\Phi_2 = c_2 m_2 (t_2'' - t_1')$$

平均换热量：

$$\Phi = \frac{\Phi_1 + \Phi_2}{2}$$

热平衡误差：

$$\Delta = \frac{\Phi_1 - \Phi_2}{\Phi} \times 100\%$$

对数传热温差：

$$\Delta t_m = \frac{\Delta t_2 - \Delta t_1}{\ln \dfrac{\Delta t_2}{\Delta t_1}} = \frac{\Delta t_1 - \Delta t_2}{\ln \dfrac{\Delta t_1}{\Delta t_2}}$$

传热系数：

$$K = \Phi / A \cdot \Delta t_m$$

式中　K——传热系数，W/(m^2 · ℃)；

c_1, c_2——热、冷流体的定压比热，J/(kg · ℃)；

m_1, m_2——热、冷流体的质量流量热，kg/s；

t_1', t_1''——热流体的进、出口温度，℃；

t_2', t_2''——冷流体的进、出口温度，℃；

A——换热器的换热面积，m^2；

$\Delta t_1, \Delta t_2$——温差，℃；

对于顺流

$$\Delta t_1 = t_1' - t_2'$$
$$\Delta t_2 = t_1'' - t_2''$$

对于逆流

$$\Delta t_1 = t_1' - t_2''$$
$$\Delta t_2 = t_1'' - t_2'$$

m_1, m_2——热、冷流体的质量流量。m_1, m_2 是根据修正后的流量计体积流量读数 V_1，V_2，再换算成的质量流量值，kg/s。

2. 绘制传热性能曲线，并作比较

(1)以传热系数为纵坐标，冷水(热水)流速(或流量)为横坐标绘制传热性能曲线；

(2)对三种不同型式换热器的性能进行比较。

4.1.6 注意事项

(1)热流体在热水箱中加热温度不得超过 80 ℃。

(2)实验台使用前应加接地线，以保安全。

4.1.7 思考题

(1)试比较列管式换热器、套管式换热器、板式换热器的特点及优缺点。

(2)根据测试结果和三种换热器的结构特点、换热方式，分析其影响换热系数的因素。

(3)据测试方法和实验结果，分析产生误差的原因。

4.1.8　换热器综合实验巡检仪设置

表 4.2　巡检仪设置表

控制参数(一级参数)设定　按 Set 键大于 5 秒

符号	名称	设定数值			
AT1	通道显示时间	AT1 =3			
AT2		AT2 =0			
AT3		AT3 =0			
AA		AA =1			

其他不设

二级参数设定　CLK =132 后同时按 Set 键和▲键 30 秒进入,按 Set 键依次设置

符号	名称	设定数值	测试范围	传感器类型	传感器用途
DE	仪表设备号	4			
BT	通讯波特率	5(9600)			
-n1	第 1 通道开	0	0~1 000 ℃	E 型热电偶	管簇前空气温度
-n2	第 2 通道开	0	0~1 000 ℃	E 型热电偶	翅片管簇内壁温度 1
-n3	第 3 通道开	0	0~1 000 ℃	E 型热电偶	翅片管簇内壁温度 2
-n4	第 4 通道开	0	0~1 000 ℃	E 型热电偶	翅片管簇内壁温度 3
-n5	第 5 通道开	0	0~1000 ℃	E 型热电偶	翅片管簇内壁温度 4
-n6	第 6 通道开	0	0~1000℃	E 型热电偶	空气换热测试后向温度
-n7	第 7 通道开	0	0~1000 ℃	E 型热电偶	毕托管测速截面温度
-n8	第 8 通道开	0	0~1000 ℃	E 型热电偶	加热器箱体外壁温度
-n9 -n16	均设置为关	1			

第 1,2,3,4,5,6 通道设置:

-1SL0	输入分度号	03		
1SL1	小数点	0		

表 4.2(续)

控制参数(一级参数)设定　按　Set 键大于 5 秒				
1SL2	无	0		
1SL3	无	0		
1SL4	无	0		
1 – Pb	零点迁移	根据情况		
1KKK	量程放大倍数	根据情况		
1OUL	变送输出量程下限	0	默认	
1OUH	变送输出量程上限	1 000	默认	
1SLL	测量量程下限	0	默认	
1SLH	测量量程上限	1 000	默认	
其他不设				
第 7,8 通道设置:				
2SL0	输入分度号	12		4 ~20 mA
2SL1	小数点	0		
2SL2	无	0		
2SL3	无	0		
2SL4	无	0		
2 – Pb	零点迁移	根据情况		
2KKK	量程放大倍数	根据情况		
2OUL	变送输出量程下限	0		
2OUH	变送输出量程上限	2 000		
2SLL	测量量程下限	0		
2SLH	测量量程上限	2 000		
其他不设				

注:1. n – Pb 设置:当巡检仪与测试仪表数值不符时,可对该项的数值进行修正,正值减,负值加。

2. 也可以使用量程放大倍数 *nKKK* 行修正:

$$nKKK = \frac{\text{仪表显示值}}{\text{巡检仪示值}}$$

4.2 气－气热管换热实验

4.2.1 实验目的

(1)掌握气－气热管交换器换热量 Q 和传热系数 K 的测量和计算方法。

(2)了解热管换热器换热量与风温、风速及热管倾斜角度等参数的关系。

(3)熟悉热管换热器实验台的工作原理和使用方法。

4.2.2 实验台的结构、工作原理及其参数

1. 实验台的结构

如图4.3所示,实验台主要由翅片式(铝轧片管)热管换热器、电加热器组、冷热端风机、风量调节阀门、测速笛形管、数显式测温系统和工作台等组成,其结构特点如下:

(1)热锻空气采用循环系统,系统温升快,省电。

(2)热风电加热系统分三组控制,其中一组可无级调节,因而温度调节灵活、稳定。

(3)采用数显式测温系统,具有快速、准确、方便等特点。

(4)实验台可绕支点向前方旋转90度,除可测量热管换热器热端空气温度、空气流速等参数与换热量的关系外,还可进行热管倾斜角度对热管工作性能影响的测定。

2. 工作原理

经热端风机压出的空气被电加热器加热后流经热管器下半部,加热并启动热管,热管内部工质(丙酮)受热沸腾,其蒸汽将热量带出热管换热器上半部,并通过翅片加热冷端空气,蒸汽冷凝后沿管壁流向热管下半部。

冷、热端空气的流量是通过笛形管用微压计来测量的,空气温度利用数显式测温仪表测量并显示,可通过琴键开关进行测点转换。

3. 实验台参数

(1)冷、热端测速段风管截面积($D=160$ mm)

$$F_L = F_R = \frac{\pi D^2}{4}\ \text{m}^2$$

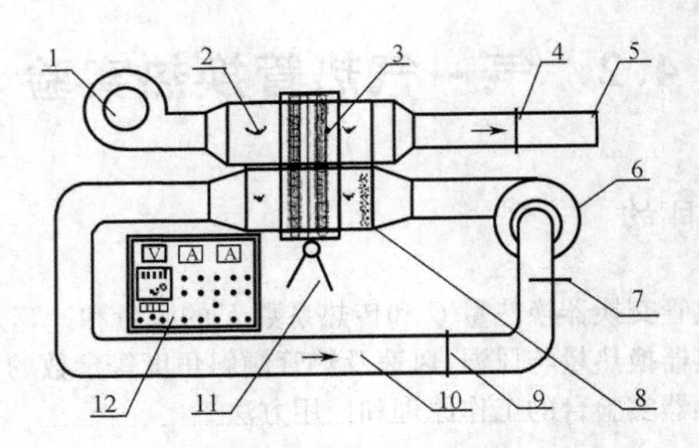

图 4.3 实验台的结构简图

1—冷端风机;2—测温点;3—热管组;4—笛形管;5—风量调点;6—热风机;7—热风调节;8—电加热器组
9—笛形管;10—热风循环管道;11—工作台旋转台;12—仪表盘

(2)冷、热端热管结构参数

冷、热端热管结构参数如图 4.4 所示。

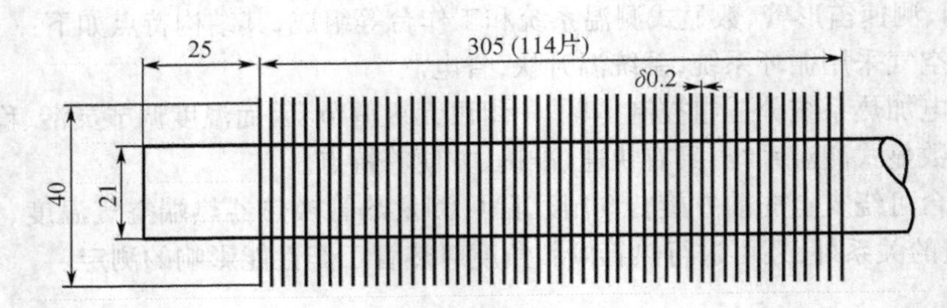

图 4.4 冷、热端热管结构图

(3)热管换热器冷、热端传热表面积

$$F_L = F_R = 3.18(\mathrm{m}^2)\text{(或根据直径计算)}$$

(4)安装形式:14 根 3 列竖向、叉排。

4.2.3 实验操作步骤

(1)转动卡片,将控制箱抬至水平位置。

(2)将电源插头插在插座上并合上总电源开关。此时,温度仪表显示。

(3)开启热端风机开关,调节热端循环风量(利用风机进口处的风量调节板,改变其面积来进行调节)。

(4)全开三组电加热器(电加热器开关受热端风机开关控制,只有当热端风机开启后才能接通电加热器开关)。

(5)按下琴键式热端进风温度开关键,观察热风温度,待该温度达到(或接近)实验值时,开启冷端风机开关,并利用其出风口处的旋转调风阀改变其开口大小来调节冷端风量。

(6)调节热风温度,使其趋近和达到稳定。热端进风温度是用电加热器开关的开启数量(即接通电加热器的数量)和电加热器的调压旋转钮来进行调节的。

注意:热管换热器工作温度(热风进口温度)为60 ~100 ℃, 切勿 超温使用,以防破坏热管。

电加热器组分三级(2 kW,1 kW,0 ~1 kW)进行控制,其中一组可利用调压旋钮进行无级调节(顺时针调转为升压,反之为降压)。

(7)在第一个实验工况点稳定后即可测试。记录冷、热端微压计指示值及各测量点空气温度值,记录工作每隔2 ~3 min进行一次,取三次的平均值作为该点工况的测试数据。

(8)依次调整可调参数(整个实验可将可调参数在调节范围内均匀地分成3 ~5 个工况点进行测定),重复上述步骤,测定和纪录其他工况点的数据。

(9)实验结束后,首先停止电加热器工作,3 min后停止冷、热端风机工作,切断电源。放回控制箱。

实验台可进行以下三种状态实验:

(1)热管换热器垂直放置,固定冷、热端空气流量,改变热端空气进口温度(温度调节范围为60 ~100 ℃)。

(2)热管换热器垂直放置,固定热端空气进口温度,同步改变冷、热端空气流量(亦可单独改变冷端或热端空气流量)。

(3)固定热端空气温度及冷、热端空气流量,改变热管换热器倾斜角度。热管换热器倾斜角度可调,可向前方旋转0° ~90°,除0°和90°可直接卡在限位挡板上外,其余角度均可利用热换器顶部的铁链挂在前部限位挡板上的位置进行调节。

4.2.4　实验数据处理

1. 冷、热端空气流量计算

(1)冷端

流速

$$v_L = \sqrt{\xi_L \frac{2(p_L - p_{Lj})}{\rho_L}} = \alpha_L \sqrt{\frac{2\Delta p_L}{\rho_L}} \text{(m/s)}$$

流量

$$V_L = F_L v_L \,(\mathrm{m^3/s})$$

(2)热端

流速

$$v_R = \sqrt{\xi_R \frac{2(p_R - p_{Rj})}{\rho_R}} = \alpha_L \sqrt{\frac{2\Delta p_R}{\rho_R}} \,(\mathrm{m/s})$$

流量

$$V_R = F_R v_R \,(\mathrm{m^3/s})$$

2. 换热量计算

(1)冷端换热量计算

$$Q_L = 1\,005 V_L \rho_L (T_{L2} - T_{L1}) \,(\mathrm{W})$$

(2)热端换热量计算

$$Q_R = 1\,005 V_R \rho_R (T_{R1} - T_{R2}) \,(\mathrm{W})$$

(3)平均换热量

$$\overline{Q} = \frac{Q_L + Q_R}{2}$$

3. 热平衡误差计算

$$\Delta = \frac{Q_R - Q_L}{\overline{Q}} \times 100\%$$

4. 传热系数计算

$$K = \frac{\overline{Q}}{F_R \Delta t}$$

式中 p_L, p_R——冷、热端测速段全压,Pa;

p_{Lj}, p_{Rj}——冷、热端测速段静压,Pa;

$\Delta p_L, \Delta p_R$——冷、热端测速段笛形管压差,Pa;

ξ_L, ξ_R——冷、热端测速段速笛形管压差修正系数,$\xi_L = 1.025$,$\xi_R = 1.036$;

α_L, α_R——冷、热端测速段速笛形管流量修正系数;

ρ_L, ρ_R——冷、热端测速段空气密度,$\mathrm{kg/m^3}$;

T_{L1}, T_{L2}——冷端空气进出口温度,K;

T_{R1}, T_{R2}——热端空气进出口温度,K;

Δt——传热温差,K,$\Delta t = \frac{(T_{R1} - T_{L2}) + (T_{R2} - T_{L1})}{2}$。

4.2.5　实验结果分析讨论

(1)分析热平衡误差产生的原因。

(2)讨论热管换热器换热量(或传热系数)与可调参数的关系。

第5章　制冷实验

5.1　制冷循环系统演示实验

5.1.1　实验目的

(1)了解蒸汽压缩制冷系统的主要组成,即四大部件的安装位置及其作用。

(2)了解制冷剂在制冷系统中进行循环的方向,增强对系统的认识。

(3)了解在制冷系统中分别以冷风机为末端装置的空调制冷系统、给空调提供冷冻水的制冷系统以及直冷式冷藏装置系统的主要组成及构造和使用的不同特点。

5.1.2　主要仪器设备与材料

实验系统装置原理示意图如图5.1,5.2所示。演示装置由全封闭压缩机、换热器1、换热器2、浮子节流阀、四通换向阀及管路等组成制冷(热泵)循环系统;由转子流量计及换热器内盘管等组成水系统;制冷工质采用低压工质R11。当系统作制冷(热泵)循环时,换热器1为蒸发器(冷凝器),换热器2为冷凝器(蒸发器)。

5.1.3　实验原理

1. 理想制冷循环——逆卡诺循环

热力学第二定律指出,热量是不会自发地从低温热源移向高温热源的。要实现逆向传热就必须消耗一定的外功。

逆卡诺循环是一种理想的制冷循环,如图5.3所示,可由互相交替的两个等温过程和两个绝热过程所组成。制冷工质在恒温冷源(被冷却物体)的温度T'_0和恒温热源(环境介质)的温度T'_k间按可逆循环进行工作。制冷工质在吸热过程中其温度与被冷却物体的温度T_0相等,在放热过程中与介质温度T_k相等。即传热过程中工质与被冷却物体及环境介质之间没有温差,传热是在等温下进行的。图5.3的四个过程分别为:

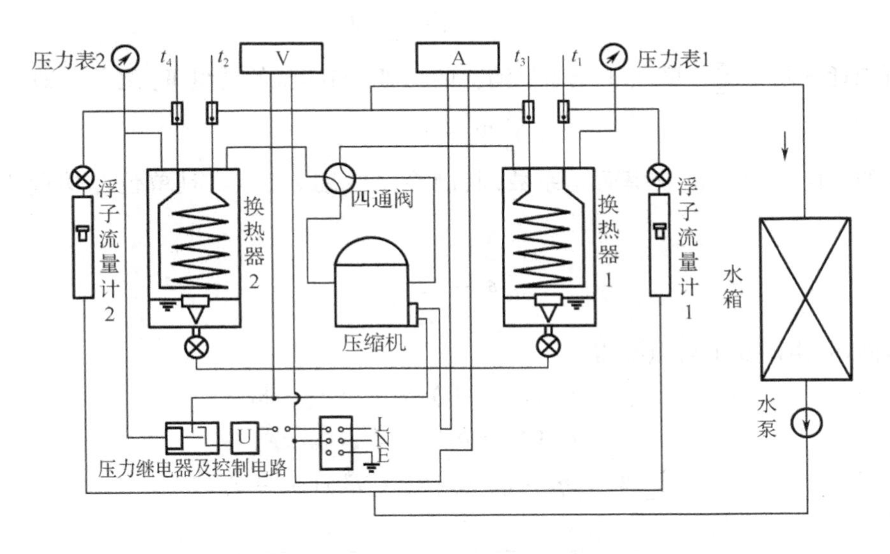

图5.1　制冷(热泵)循环演示装置原理图

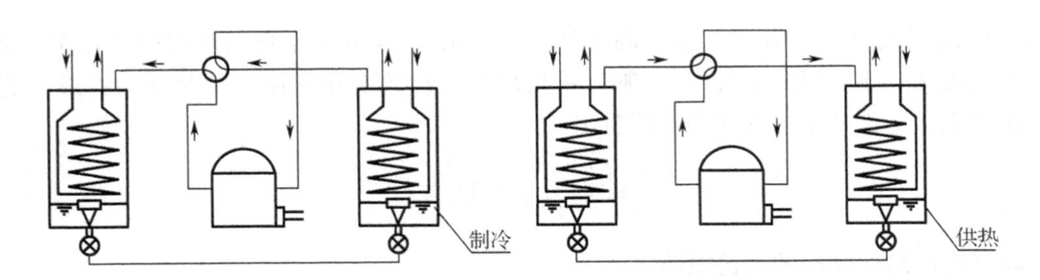

图5.2　制冷剂流向改变流程图

(1)3→4 为绝热膨胀过程,制冷剂的温度由 T'_k 降至 T'_0。

(2)4→1 为等温吸热过程,制冷工质在温度 T'_0 下,从被冷却物体吸收热量 q_0,其吸收的全部热量全部用于膨胀功。

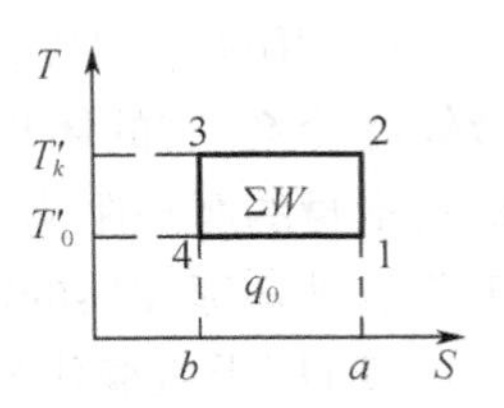

图5.3　逆卡诺循环

(3)1→2 为绝热放热过程,由于消耗了压缩功 W_c,使工质的温度从 T'_0升高到 T'_k。

(4)2→3 为等温放热过程,工质在 T'_k温度下向高温热源放出热量 q_k。每一循环过程中 1 kg 工质从低温热源(被冷却物体)吸取 q_0 的热量,然后与所消耗的净功 $\sum W$ 所转换的热量一起排给高温热源(环境介质)的热量为 q_k。对单位工质而言,有

$$q_k = q_0 + \sum W$$

循环中所消耗的功量 $\sum W$ 等于压缩机消耗的功 W_c 与膨胀的功量 W_e 之差。即

$$\sum W = W_c - W_e$$

制冷循环的性能指标不是效率而是系数,其制冷系数用 ε 表示,是单位耗功量所获取的冷量,即

$$\varepsilon = \frac{q_0}{\sum W}$$

对逆卡诺循环,由图 5.1 可以推得

$$q_0 = T'_0(S_1 - S_4) = T'_0(S_a - S_b)$$

$$q_k = T'_k(S_2 - S_3) = T'_k(S_a - S_b)$$

$$\sum W = q_k - q_0 = (T'_k - T'_0)(S_a - S_b)$$

$$\varepsilon_c = \frac{T'_0(S_a - S_b)}{(T'_k - T'_0)(S_a - S_b)} = \frac{T'_0}{(T'_k - T'_0)} = \frac{1}{\dfrac{T'_k}{T'_0} - 1}$$

由此可见,逆卡诺循环的制冷系数与制冷剂的性质无关,仅取决于低温热源的温度 T'_0 和高温热源的温度 T'_k。且 T'_k 越低,T'_0 越高,制冷系数越大。T'_0 的变化对循环的制冷系数影响更大,这点也可以从下面的偏导数的绝对值看出。

$$\left|\left(\frac{\partial \varepsilon_c}{\partial T'_0}\right)\right| > \left(\frac{\partial \varepsilon_c}{\partial T'_k}\right)$$

2. 蒸汽压缩式制冷的理论循环

实际采用的蒸汽压缩式制冷的理论循环是由两个定压过程(一个绝热压缩过程和一个绝热节流过程)组成,如图 5.4 所示。它与逆卡诺循环相比,有以下三个特点。

(1)用膨胀阀代替膨胀机　用膨胀机是为利用膨胀过程中的膨胀功,但进入膨胀机的是液体制冷剂,它的体积变化不大,而机件特别小,摩擦阻力大,以致所获得的膨胀功不能克服机器本身的摩擦阻力。因此,蒸汽压缩式制冷循环中通常用膨胀阀代替膨胀机,同时还有利于调节进入蒸发器的制冷剂流量。

(2)用干压缩代替湿压缩　逆卡诺循环中,压缩机吸入的是湿蒸汽,这种压缩过程称为湿压缩或湿冲程。由于湿蒸汽吸入压缩机,低温湿蒸汽与热的气缸壁之间发生强烈的热交换,特别是气缸的有效空间,使制冷剂吸入压缩机的质量减少,从而使制冷量显著降低。而过多的液珠进入压缩机气缸后,很难全部立刻气化,这时既破坏压缩机是润滑,又会造成液击,使压缩机遭受破坏。干压缩是蒸汽压缩制冷机正常工作的重要标志。

(3)两个传热过程均为定压过程,并具有传热温差。如果热交换过程没有温差,从理论上讲,则热交换设备的换热面积应为无限大,这显然是不可能的。图5.4(a)是蒸汽压缩式制冷的循环系统,图5.4(b)中1′→2′→3→4′→1′是理想制冷循环的图,1→2→3→4→1是蒸汽压缩式制冷的理论循环的$T-S$图。

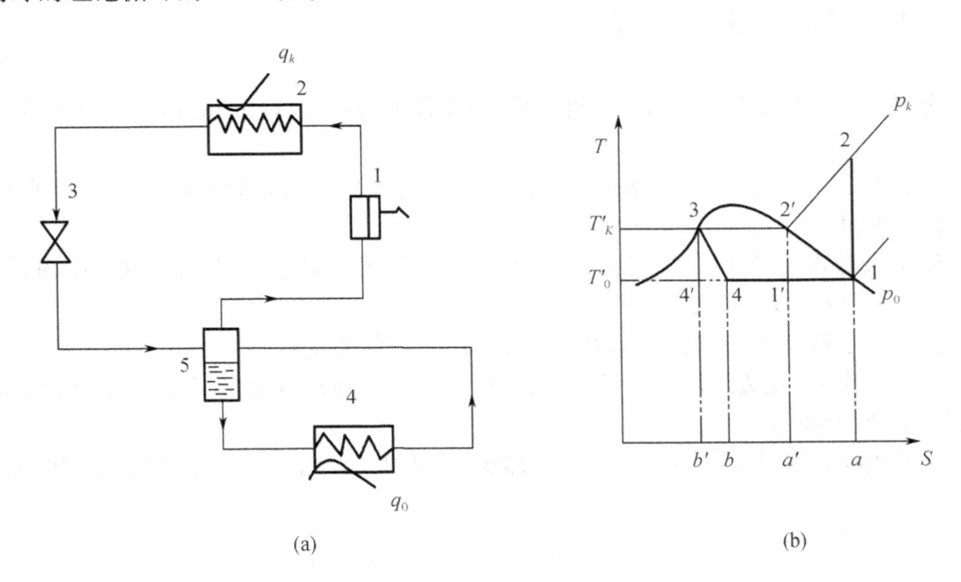

图5.4　蒸汽压缩式制冷的理论循环

(a)制冷循环系统;(b)理论循环的$T-S$图

1—压缩机;2—冷凝器;3—膨胀阀;4—蒸发器;5—气液分离器

3. 制冷系统中的四大部件

(1)压缩机　是将制冷系统中制冷剂气体由蒸发器中压缩到冷凝器中,即是将低温气体压缩成高温高压气体(图5.4(b)中的1→2过程)。常用压缩机有活塞式、离心式、滚动转子式、滑片式、蜗旋式等。

(2)冷凝器　是将压缩机排出的高温高压制冷剂气体予以冷却使之液化(图5.4(b)中的2→3过程)。常用的冷凝器有:水冷式(立式壳管式、卧式壳管式、套管式)、空冷式和蒸发式等。

(3)膨胀阀　对高压液体制冷剂进行节流降压,保证冷凝器与蒸发器之间的压力差;调节供入蒸发器的制冷剂流量以适应蒸发器热负荷的变化(图5.4(b)中的3→4过程)。常用的膨胀阀有:手动膨胀阀、浮球式膨胀阀、热力式膨胀阀、毛细管等。

(4)蒸发器　把膨胀阀出来的低压液体全部汽化,以吸收被冷却物体的热量,其过程为图

5.4(b)中的 4→1 过程。常用的蒸发器有:满液式蒸发器(卧式壳管式、水箱式)、非满液式(干式壳管式、直接蒸发式空气冷却器、直立管式墙排管、盘管式墙排管、顶排管、螺旋管式)蒸发器等。

5.1.4 实验内容与步骤

(1)分别指出制冷系统中三个不同制冷循环装置中的四大部件的具体位置及制冷剂的流动方向。

(2)打开冷却水系统,使冷却水量适当。打开各有关阀门,接通电源,开启冷冻水箱的搅拌器,开启压缩机。

(3)调节冷却水量及膨胀阀,把排气压力 P_k 和吸气压力 P_0 控制在适当的范围内,待工况稳定后,记录下各有关压力、温度。

(4)分别调节冷却水量,观察 P_k,P_0 压力的变化情况,并记录。

(5)实验结束后,先关闭供液阀,依靠低压控制器使压缩机自动停车,然后关闭压缩机,再关闭管路上的各个阀门。

(6)压缩机停车后,经过 5 min 后关掉冷却水、冷风机及冷冻水箱上的搅拌器,切断总电源。

5.1.5 思考题

(1)根据蒸汽压缩式制冷的理论循环的知识,画出理论循环的压 - 焓图,指出系统运行中记录的有关参数与理论循环的差别,并分析引起这些差别的原因。

(2)调解冷却水量后,压力 P_k,P_0 与各管路温度却发生了变化,试分析变化的原因。

(3)制冷系统中哪些管道与设备需要敷设隔热保温层?为什么在隔热层外面缠包玻璃布或塑料布等?

(4)间接供冷与直接供冷各有哪些优缺点?

5.2 制冷压缩机性能实验

5.2.1 实验目的

(1)了解压缩机性能测定的原理及方法;

(2)了解蒸汽压缩式制冷的循环流程及各组成设备;

(3)测定蒸汽压缩式制冷循环的性能;

(4)理解与认识回热循环；

(5)比较单级蒸汽压缩制冷机在实际循环中有回热与无回热性能上的差异；

(6)熟悉实验装置的有关仪器、仪表，掌握其操作方法。

5.2.2　实验装置

实验采用制冷压缩机性能实验台(Ⅲ型)，其蒸发器、冷凝器均为水换热器；水流量使用文丘里流量计测量，人工采集数据使用 U 型管差压计，计算机采集数据使用液体差压变送器。温度采用铂电阻 Pt100 测量，人工采集数据使用琴键转换开关在显示仪表读值，计算机采集数据使用琴键转换开关转换测点然后采集数据。实验装置结构及工作原理如图 5.5 所示。

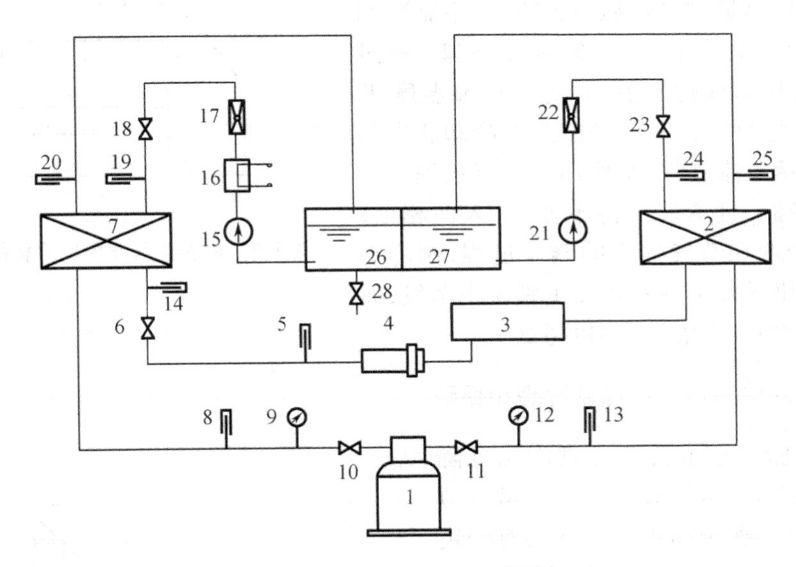

图 5.5　实验装置结构及工作原理图

1—压缩机；2—冷凝器；3—储液罐；4—干燥过滤器；5—节流阀前温度计；6—节流阀；7—蒸发器；8—吸气温度；9—吸气压力；10—吸气截止阀；11—排气截止阀；12 排气压力；13—排气温度；14—节流阀后温度计；15—蒸发器冷载体水泵；16—加热器；17—文丘里流量计；18—调节阀；19—蒸发器前温度；20—蒸发器后温度；21—冷凝器载体水泵；22—文丘里流量计；23—调节阀；24—冷凝器前温度；25—冷凝器后温度；26，27—水箱；28—排水阀

5.2.3 实验原理

1. 单级蒸气压缩制冷机的理论循环

图 5.6 显示了压力 - 比焓图上单级蒸气压缩制冷机的理论循环。压缩机吸入的是以点 1 表示的饱和蒸气，1—2 表示制冷剂在压缩机中的等熵压缩过程；2—3 表示制冷剂在冷凝器中的等压放热过程，在冷却过程 2—2′中制冷剂与环境介质有温差，放出过热热量，在冷凝过程 2′—3′中制冷剂与环境介质无温差，放出比潜热，在冷却和冷凝过程中制冷剂的压力保持不变，且等于冷凝温度 T_k 下的饱和蒸气压力 p_k；3′—3 是液态再冷却放出的热量；3—4 表示节流过程，制冷剂在节流过程中压力和温度都降低，且焓值保持不变，进入两相区；4—1 表示制冷剂在蒸发器中的蒸发过程，制冷剂在温度 T_0、饱和压力 p_0 保持不变的情况下蒸发，而被冷却物体或载冷剂的温度得以降低。

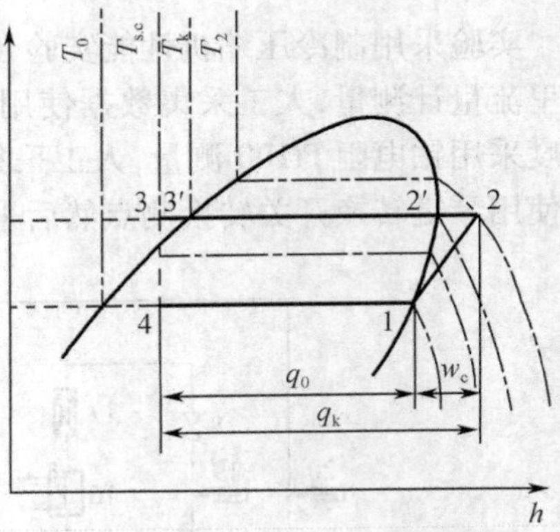

图 5.6　单级蒸气压缩制冷机的理论循环

2. 有回热的单级蒸气压缩制冷理论循环

为了使膨胀阀前液态制冷剂的温度降得更低（即增加再冷度），以便进一步减少节流损失，同时又能保证压缩机吸入具有一定过热度的蒸气，可以采用蒸气回热循环。

图 5.7 所示为来自蒸发器的低温气态制冷剂 1，在进入压缩机前先经过一个热交换器——回热器。在回热器中，低温蒸气与来自冷凝器的饱和液体 3 进行热交换，低温蒸气 1 定压过热到状态 1′，而温度较高的液体 3 被定压再冷却到状态 3′，回热循环 1′—2′—3—3′—4′—1—1′中，3—3′为液体的再冷却过程，过热后的蒸气温度称为过热温度，过热温度与蒸发温度之差称为过热度。

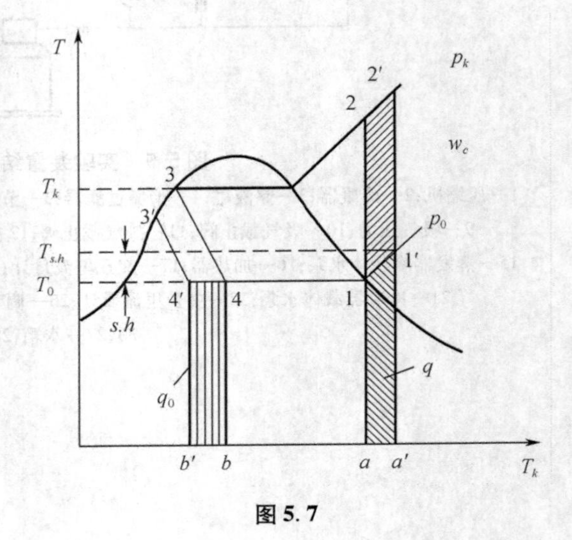

图 5.7

根据稳定流动连续定理，流经回热器的液态制冷剂和气态制冷剂的质量流量相等。因此，在对外无热损失情况下，每千克液态制冷剂放出的热量应等于每千克气态制冷剂吸收的热量。也就是说，单位质量制冷剂再冷却所增加的制冷能力 Δq_0（面积 $b'4'4bb'$）等于单位质量气体制冷剂所吸收的热量 Δq（面积 $a11'a'a$）。由于有了回热器，虽然单位质量制冷能力有所增加，但是压缩机的耗功量也增加了 Δw_0（面积 $11'2'21$）。因此，回热式蒸气压缩制冷循环的理论制冷系数有可能提高，也有可能降低，应具体分析。

采用回热器的优点：

（1）对于一个给定的制冷量，制冷剂流量减少；

（2）在液体管路上汽化的可能性减少（特别是在管路较长的情况下）；

（3）在压缩机的吸气管道上，可减少吸入外界热量；

（4）在压缩机吸气口消除液滴，防止失压缩。

3. 单级压缩蒸汽制冷机的实际循环与简化后的实际循环

实际循环和理论循环有许多不同之处，除了压缩机中的工作过程以外，主要还有下列一些差别。

（1）热交换器中存在温差，即冷却水温度 T 低于冷凝温度 T_K，且 T 是变化的（进口温度低，出口温度高）；载冷剂或冷却对象的温度 T' 高于蒸发温度 T_0，且 T' 也是变化的（进口温度高，出口温度低）。

（2）制冷剂流经管道及阀门时同环境介质间有热量交换，尤其是自节流阀以后，制冷剂温度降低，热量便会从环境介质传给制冷剂，导致冷量损失。

因为制冷机的实际循环过程很难用手算法进行热力计算。因此，在工程设计中常常是对它作一些简化。

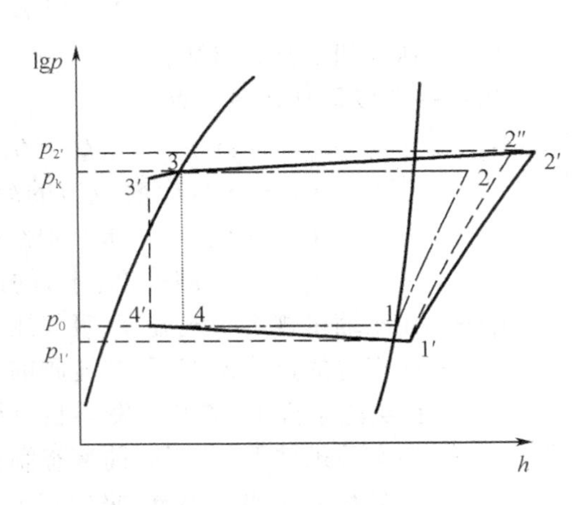

图 5.8　简化后的实际循环过程

1—2 为理论循环的等熵压缩过程；

1′—2′为实际循环的压缩过程

图 5.8 为简化后的实际循环过程。简化途径是：

（1）忽略冷凝器及蒸发器中的微小压力变化，即以压缩机出口的压力为冷凝压力（在大型装置中，压缩机的排气管道较长，应从排气压力减去这一段管道压力损失后作为冷凝压力），以压缩机进口压力作为蒸发压力（在大型装置中尚需加上吸气管道的压力损失），同时认为冷凝温度和蒸发温度均为定值。

(2)将压缩机内部过程简化为一个从吸气压力到排气压力有损失的简单压缩过程。

(3)节流过程认为是等焓过程。

经过简化之后,即可直接利用 $\lg p-h$ 图进行循环性能指标的计算。

4. 实际循环与理论循环的区别

实际循环区别于理论循环有如下几方面:

(1)由于摩擦作用,在压缩机的排出口和膨胀阀进口之间及膨胀阀出口和压缩机吸入端之间将产生微小的压力降。

(2)压缩过程既不是等熵过程也不是绝热过程(压缩机通常有热量损失)。

(3)离开蒸发器的蒸汽通常有过热(这使膨胀阀得以自动控制,同时也改善了压缩机的性能)。

(4)离开冷凝器的液体一般略有过冷(这样提高了制冷系数 ε,且减少了通向膨胀阀管路上形成蒸汽的可能性)。

(5)循环在环境温度下运行时,可能有少量的无用热量从外界传入到循环的各个部分。

5. 制冷压缩机性能计算

(1)压缩机制冷量

对开启式压缩机

$$Q = Q_1 \frac{i_1 - i_7}{i_f - i_6} \cdot \frac{v_1}{v_1''} \cdot \frac{n_1}{n_2}$$

式中 Q——压缩机制冷量,kW;

Q_1——蒸发器换热量,kW

$$Q_1 = G_1 C(t_1 - t_2)$$

其中 G_1—— 载冷剂(水)的流量,kg/s;

C——载冷剂(水)的比热,kJ/kg · ℃;

t_1, t_2——载冷剂(水)的进出口温度, ℃。

i_1——在压缩机规定吸气温度、吸气压力下制冷剂蒸气的焓,kJ/kg;

i_7——在规定的过冷温度下,节流阀前液体制冷剂的焓,kJ/kg;

i_f——在实验条件下,离开蒸发器制冷剂蒸气的焓,kJ/kg;

i_6——在实验条件下,节流阀前液态制冷剂的焓,kJ/kg;

v_1——压缩机实际吸气温度、吸气压力下制冷剂蒸气的比容,m^3/kg;

v_1''——在压缩机规定吸气温度、吸气压力下制冷剂的比容,m^3/kg;

n_1——压缩机的额定转速,r/min;

n_2——压缩机的实测转速,r/min。

在教学中,小型封闭式制冷压缩机可以认为

$$i_1 = i_f,\ i_7 = i_6$$

$$v_1 = v''_1, n_1 = n_2$$

$$Q = Q_1$$

(2)压缩机轴功率

大型压缩机平衡力臂法：

$$N_e = \frac{[PL + P'(l_1 - l_2)]n}{974} \cdot \eta$$

式中 N_e——压缩机轴功率，kW；在教学中，小型封闭式制冷压缩机可以认为 $N_e = N = IV$；

P——平衡臂上主砝码质量，kg；

L——受力点至转子中心的距离，m；

P'—— 滑动砝码的质量，kg；

l_1, l_2——分别为右侧和左侧滑动砝码和转子中心的距离，m；

n——电机转数，r/min；

η——传动效率，%。

(3)制冷系数

$$e = \frac{Q}{N_e}$$

(4)效能比 EER

此指标考虑到驱动电机效率对耗能的影响，以单位电动机输入功率的制冷量大小进行评价，该指标多用于全封闭制冷压缩机。

$$EER = Q/N_e$$

式中 EER——效能比，kW/kW。

(5)热平衡误差

$$\Delta = \frac{Q_1 - (Q_2 - N)}{Q_1} \times 100\%$$

式中 Q_2——冷凝器换热量，kW；

$$Q_2 = G_L \cdot C(T_2 - T_1)$$

其中 G_L——冷凝器水的流量，kg/s；

T_1, T_2——冷凝水的进出口温度，K。

5.2.4 实验步骤及工况调节

1. 将水箱充满水并接通电源

2. 打开膨胀阀开关，同时打开蒸发器、冷凝器水泵电源开关及水量调节阀门，水泵运转并

向蒸发器、冷凝器供水

3. 开启压缩机

(1)先打开压缩机吸气、排气阀门,停机时应将这两个阀门关闭,以免造成事故;

(2)打开压缩机开关,压缩机启动时,如出现不正常响声(液击),应立即停机,过半分钟后再开启压缩机。这样反复几次后,压缩机即可正常运转,如遇机械故障,应停机排除故障后再重新启动。

4. 调节工况

(1)各种工况控制参数由指导教师给出(由于冷却介质采用自来水,为防止蒸发器冻结,不宜将蒸发温度定得过低);

(2)蒸发压力和吸气温度的调节　蒸发压力可以从吸气压力表上近似地反映出来,开大或关小节流阀门,可以使蒸发压力提高或降低,随之吸气温度也将稍有降低或提高。改变冷却介质水的温度可以通过改变电加热器的功率来实现,但一定要保证有一定量的水流通过电加热器。

(3)冷凝压力的调节　冷凝压力可以在排气压力表上近似地反映出来。增加或减少冷凝水流量,可以使冷凝压力降低或提高;降低或提高冷凝水温度也可以使冷凝压力降低或提高。调节冷凝水的温度可以通过改变加入自来水量而实现。注意:上述各种控制参数的改变及相关参数的改变对其他控制参数均有一定影响,故在调节时要互相兼顾。

5. 停机

(1)关闭加热器开关,加热器停止工作;

(2)关闭压缩机开关,压缩机停止工作;

(3)5 分钟后再关闭水泵开关及自来水开关,切断电源;

(4)如长期不使用,应关闭压缩机吸气、排气阀门,以防止制冷剂从压缩机轴封处泄漏。另外,还应将水箱内的水放尽、擦干。

表 5.1　制冷压缩机制冷量计算表

时间	I	U	$N=IU$	i_1	i_7	i_f	i_6	v_1	v_1'	Q

表 5.1(续)

时间	I	U	$N=IU$	i_1	i_7	i_f	i_6	v_1	v_1'	Q
平均										

表 5.2　蒸发器热负荷计算表

时间	G_1	T_1	T_2	Q_1
平均				

表 5.3　冷凝器热负荷计算表

时间	G_1	T_1	T_2	Q_2
平均				

5.2.5　实验数据的整理

取三次读数的平均值作为计算数据。

1. 压缩机制冷量计算

对开启式压缩机

压缩机制冷量 Q 计算：

$$Q = Q_1 \frac{i_1 - i_7}{i_f - i_6} \cdot \frac{v_1}{v_1''} \cdot \frac{n_1}{n_2}$$

蒸发器换热量 Q_1 计算：

$$Q_1 = G_1 C(t_1 - t_2)$$

在教学中，小型封闭式制冷压缩机可以认为：$i_1 = i_f$；$i_7 = i_6$；$v_1 = v_1''$；$n_1 = n_2$；$Q = Q_1$。

2. 压缩机轴功率计算

大型压缩机平衡力臂法：

$$N_e = \frac{[PL + P'(l_1 - l_2)]n}{974} \cdot \eta$$

3. 制冷系数计算

$$e = \frac{Q}{N_e}$$

4. 效能比 EER 计算

此指标考虑到驱动电机效率对耗能的影响，以单位电动机输入功率的制冷量大小进行评价，该指标多用于全封闭制冷压缩机。

$$EER = Q/N_e$$

5. 冷凝器换热量 Q_2 计算

$$Q_2 = G_L \cdot C(T_1 - T_2)$$

6. 热平衡误差计算

$$\Delta = \frac{Q_1 - (Q_2 - N)}{Q_1} \times 100\%$$

5.2.6 分析讨论

分析实验结果，指出影响冷机性能的因素。

为了便于比较不同活塞式制冷压缩机的工作性能，我国规定了四个温度工况，见表5.4。其中标准工况和空调工况可用来比较压缩机的制冷能力，最大功率工况和最大压差工况则为设计和考核压缩机的机械强度、耐磨寿命、阀片的合理性和配用电机的最大功率的指标。

表 5.4　活塞式制冷压缩机的温度工况　单位:℃

工况	蒸发温度	吸气温度	冷凝温度	再冷温度
标准工况	-15	+15	+30	+25
空调工况	+5	+15	+40	+35
最大功率工况	+10	+15	+50	+50
最大压差工况	-30	0	+50	+50

第6章　中央空调综合实验

6.1　实 验 目 的

(1)理解和认识中央空调系统的主要形式、设备与附件及工作原理。

(2)了解中央空调系统的冷热水系统形式。

(3)理解中央空调用冷水机组的工作原理和工作过程。

(4)掌握中央空调系统的测试和计算方法。

6.2　实 验 装 置

实验台组成及安装如图6.1所示。

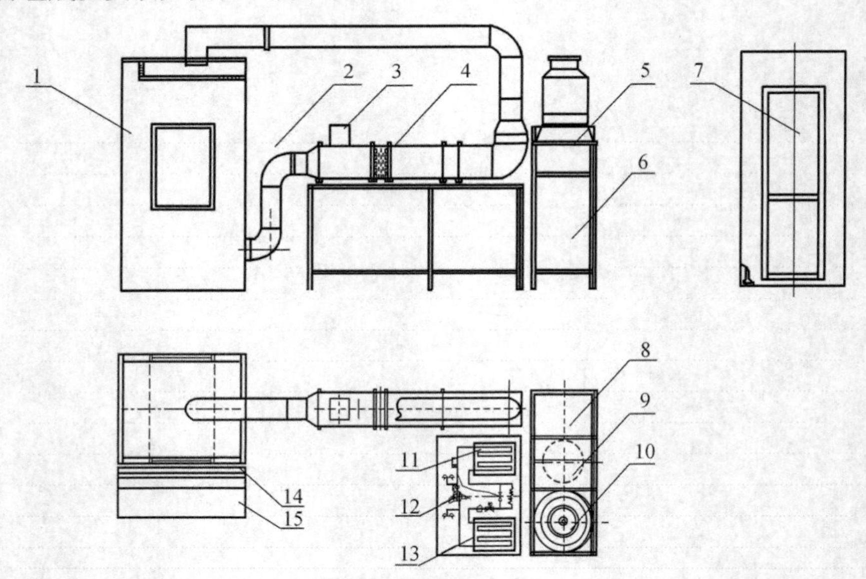

图6.1　系统组成及安装简图

1—模拟房间;2—回风管;3—新风口;4—空气热湿处理工段;5—冷却塔;6—泵区;7—模拟房间门;8—水箱;9—锅炉;10—冷却塔体;11—冷凝器;12—制冷压缩机;13—蒸发器;14—运行工况演示板;15—控制台

中央空调模拟实验台配套设备技术参数如表 6.1 所示：

表 6.1　配套设备技术参数表

项目	主要技术参数		
额定功率			
额定电流			
压缩机	1 HP		QDZ164B
制冷剂	R22		
表冷器			
制冷循环水泵		780 W	
冷却循环水泵		780 W	
供热锅炉	9 000 W		
供热循环水泵		780 W	
风量测量	笛形管配微压传感器		
循环水流量测量仪表	文丘里配微压传感器		
温度测试仪表	16 点巡检仪		
测温元件	E 型热电偶		
测湿元件	湿度传感器		
加湿器功率	4 × 1 500 W 可调		
外形尺寸	4 500 × 1 500 × 2 500		

1. 供冷系统

供冷系统由制冷系统和载冷(热)循环系统两部分组成。

(1)制冷系统　由制冷压缩机、压力表、高低压保护开关、冷凝器、储液罐、电磁阀、液视镜、膨胀阀及毛细管、蒸发器等组成。

(2)载冷循环系统　由冷凝载体管道、循环水泵、冷却塔;制冷载体管道、流量计、表冷器等组成。

2. 供热系统

供热系统由电热锅炉、流量计、散热器(表冷器)、膨胀水箱、循环水泵等组成。

3. 空气调节系统

空气调节系统由电加热器、表冷器、蒸汽加湿器、通风机、通风管道、送风口、模拟空调间、回风口、回风调节阀、新风调节阀等组成。

4. 控制系统

控制台:总电源开关、电压、电流;制冷压缩机开关、电压、电流;电热锅炉开关、电压、电流;各个电器部分的开关、保险、指示;温度显示、切换、转换;变送、接口(有微机接口时)等组成,如图 6.2 所示。

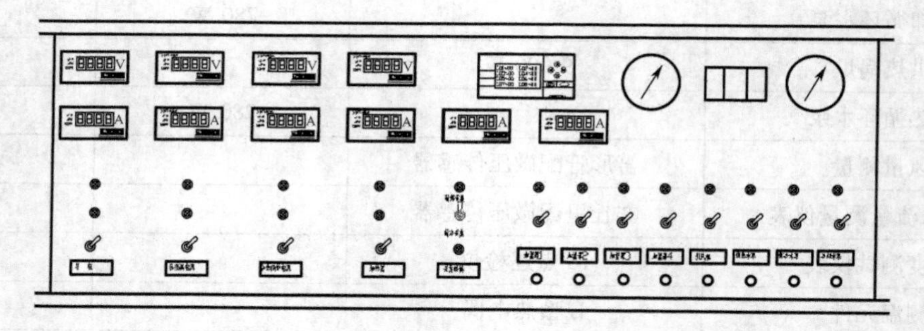

图 6.2　中央空调控制台

5. 运行工况演示板

运行工况演示板上雕刻了系统组成的主要部件。流体流动及方向用不同颜色的高光二极管表示,如图 6.3 所示。

6. 测量系统

(1)制冷压缩机用测量其电压、电流进行计算完成压缩机的功率。

(2)制冷量用测量载冷循环系统参数进行计算完成。

(3)供热量用测量加热器电压、电流及载热循环系统参数进行计算完成。

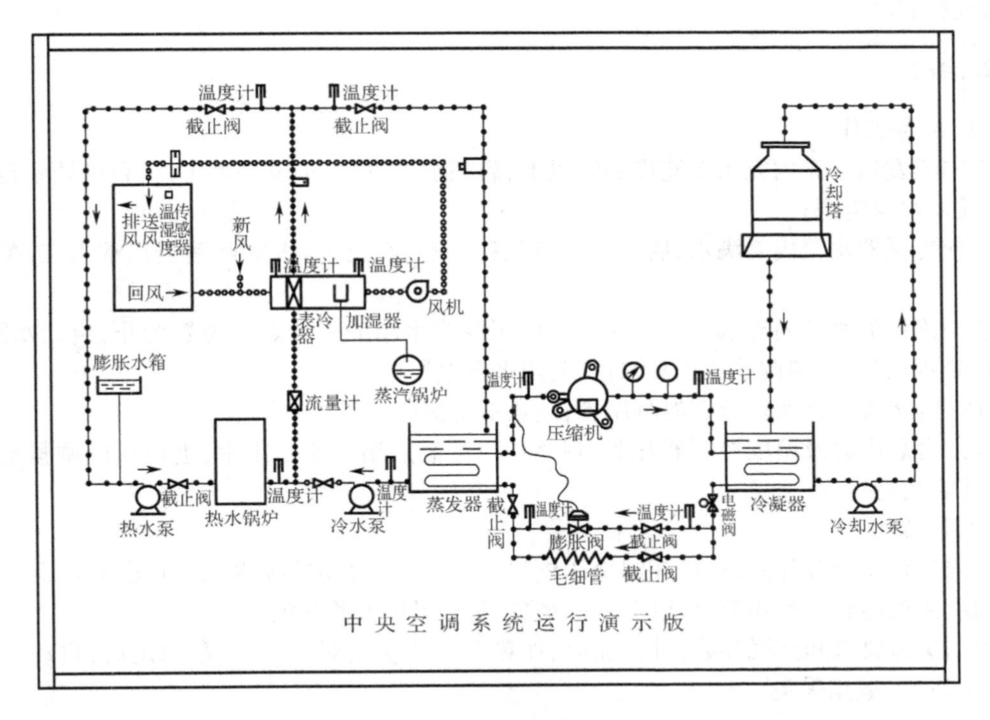

图 6.3　中央空调系统运行工况演示板

6.3　实 验 内 容

(1)夏季工况全水(风机盘管)空调系统实验。
(2)夏季工况全空气系统空调系统实验。
(3)冬季工况全空气系统空调系统实验。
(4)空气系统与水系统的主要形式、设备与附件、工作原理与流程的认识。
(5)空调用机组工作原理和工作过程认识。

6.4　实 验 步 骤

1. 复核电源

所接电源应满足最大功率要求。设备安装就位以后,把各个用电设备连接好,要接地良好,布线整齐。

2. 启动

(1)准备工作

①向蒸发器水箱内充水至淹没铜管以上,启动水泵,观察水位是否正常,否则调整至正常水位,关闭水泵电源;

②向冷凝器水箱内充满水,启动水泵,观察水位是否正常,否则调整至正常水位,关闭水泵电源;

③向锅炉的水箱内充水,并注意排气,约至膨胀水箱的三分之一位置为止,启动水泵,观察水位是否正常,否则调整至正常水位,关闭水泵电源;

④接好水流量计及笛形管的测压管,注意不要接反;

⑤闭合总电源及温度控制器开关,观察各个测温点温度是否正常,进行相应调整至正常后,即可启动运行。

(2)制冷

首先闭合总电源开关;再打开制冷压缩机电源开关;启动冷冻水泵。观察蒸发器水箱内液体温度接近达到实验要求时,启动冷却水泵,闭合风机电源开关。

根据实验要求和空气参数,进行加湿、加热空气的参数调整,待参数稳定后,启动计算机(或人工)进行数据采集。

(3)供热

启动电加热锅炉,温度达到实验要求后,启动热水泵。根据实验所要求的温差和空气参数,进行加湿、加热空气的参数调整,待参数稳定后,启动计算机(或人工)进行数据采集。

(4)工况的调节

对模拟空调房间加热加湿,计算加入的热量湿量,模拟全新风系统和一次回风系统的运行调节。一次回风系统可以调节新风比,测量空气各处理阶段参数,绘制 $i-d$ 图。

3. 实验参数的测量

(1)压缩机功率的测量

在教学上,对小型压缩机轴功率 P_{e1} 约等于压缩机轴输入功率 P_c:

$$P_{el} = P_c = UI \tag{6-1}$$

式中 P_{el}——小型压缩机轴功率,kW;

P_c——压缩机轴输入功率,kW;

U——电压,V;

I——电流,A。

(2)循环风量测量

循环风量测量使用笛形管方法测动压,人工测量用倾斜管微压计,计算机采集使用差压变送器。

由平均动压计算断面平均流速

$$v = \alpha \sqrt{\frac{2p_d}{\rho}} \tag{6-2}$$

式中 v——平均流速,m/s;

p_d—— 平均动压,Pa;

ρ_f——空气密度(由测定的空气温度查出),kg/m^3;

α——笛形管修正系数。

风量 Q 由断面平均风速 v 和风管截面积 A 算出

$$G_f = \rho_F vA = \rho_F v \frac{\pi D^2}{4} \tag{6-3}$$

式中 G_f——循环风量,kg/s;

D——计算断面直径,m。

(3)循环水的测量

循环水的测量使用文丘里管流量计,测动压,人工测量用U型管压差计,计算机采集使用差压变送器。

由平均动压计算断面平均流速

$$v_s = \alpha_s \sqrt{\frac{2p_{ds}}{\rho_s}} \tag{6-4}$$

式中 v_s——平均流速,m/s;

p_{ds}——平均动压,Pa;

ρ_s——循环水密度(由测定的水温度查出),kg/m^3;

α_s——笛形管修正系数。

循环水流量由文丘里喉管断面截面积算出:

$$G_s = \rho_s v_s A = \rho_s v_s \frac{\pi d^2}{4} \tag{6-5}$$

式中 G_s——循环水流量,kg/s;

d——文丘里喉管直径,m。

(4)温度的测量

测量温度使用镍铬-考铜热电偶。测点之间的切换使用琴键开关,温度显示仪表显示温度(使用计算机采集系统的用户,琴键开关切换后,可在显示器界面上采集)。

6.5 实验记录

1. 制冷参数记录在表 6.2 中

表 6.2 制冷参数记录表

工况序号	项目					
	电压/V	电流/A	蒸发器入口温度 t_1	蒸发器入口温度 t_2	流量计压差 Δp/Pa	直径 d/m
1						
2						
3						
4						
5						

2. 制冷工况空气参数记录在表 6.3 中

6.3 空气参数记录表

工况序号	项目										备注
	新回风混合温度 t_3	夏季送风温度 t_4	笛形管压差 Δp/Pa	笛形管流量系数 α	混合相对湿度 φ_3	夏送风相对湿度 φ_4	室内温度 t_5	室内相对湿度 φ_5	新风温度 t_6	新风相对湿度 φ_6	管道直径 D/m
1											
2											
3											
4											
5											

3. 供热工况锅炉供热记录记入表 6.4

表 6.4　锅炉供热记录表

工况序号	项目						备注
	电压/V	电流/A	供水温度 t_7	回水温度 t_8	流量计压差 Δp/Pa	直径 d/m	
1							
2							
3							
4							
5							

4. 制热工况空气参数记入表 6.5

表 6.5　制热工况空气参数记录表

工况序号	项目											备注
	新回风混合温度 t_3	冬季空气加热温度 t_4	冬季送风温度 t_9	冬季送风相对湿度 ϕ_9	笛形管压差 Δp/Pa	笛形管流量系数 α	室内温度 t_5	室内相对湿度 ϕ_5	新风温度 t_6	新风相对湿度 ϕ_6	管道直径 D/m	
1												
2												
3												
4												
5												

6.5 实验数据计算

1. 压缩机功率的测量

$$P_{el} = P_c = UI(\mathrm{kW})$$

2. 蒸发器制冷量

$$v_s = \alpha_s \sqrt{\frac{2p_{ds}}{\rho_s}}(\mathrm{m/s})$$

$$p_{ds} = p_q - p_j$$

$$G_s = \rho_s v_s A = \rho_s v_s \frac{\pi d^2}{4}(\mathrm{kg/s})$$

$$Q_s = G_s C(t_1 - t_2)(\mathrm{kW})$$

3. 制冷系数

$$\varepsilon = \frac{Q_s}{P_{el}}$$

4. 供热量的计算

电热锅炉耗电功率

$$N = IU(\mathrm{kW})$$

$$G_{Rs} = \rho_{Rs} v_{Rs} A = v_{Rs} \frac{\pi d^2}{4}(\mathrm{kg/s})$$

通风供热量：

$$Q_{Rs} C(t_5 - t_6)(\mathrm{kW})$$

锅炉供热效率：

$$\eta = \frac{Q_{Rs}}{N} \times 100\%$$

5. 空气流量计算

(1)空调系统风量：

$$v_s = \alpha_s \sqrt{\frac{2p_{ds}}{\rho_s}}(\mathrm{m/s})$$

$$G_f = \rho_F vA = \rho_F v\frac{\pi D^2}{4}(\mathrm{kg/s})$$

(2)计算空气在各工况下所获热量：

$$Q = G \times \Delta h(\mathrm{kW})$$

式中　Δh—空气处理前后焓差，kJ/kg。

(3)在 $i-d$ 图上表示各空气处理过程。

6. 工况调节

(1)夏季工况调节

室外新风(t_6,ϕ_6)和回风(t_5,ϕ_5)混和，进入组合式空气处理器，测定干球温度 t_3 和相对湿度 ϕ_3 后，经表冷器除热除湿，达到露点温湿度(t_4,ϕ_4)，室内采用露点送风，t_4 点送风。在空气处理器后端增设空气加热器，用加热量来模拟室内热量；加热器后端增设加湿器，用其加湿量来模拟室内湿量。加热加湿均可连续调节。人体散热散湿量见附表一。记录数据绘制 $i-d$图。

(2)冬季工况调节

室外新风(t_6,ϕ_6)和回风(t_5,ϕ_5)混和，进入组合式空气处理器，测定干球温度 t_3 和相对湿度 ϕ_3。启动电加热锅炉，对混和空气进行加热(也可以用电加热器1对混和空气进行加热)，测定处理后的空气温度 t_4 及其相对湿度 ϕ_4。对空气进行蒸汽加湿(等温加湿)后测量送风温度 t_9 及其相对湿度 ϕ_9 的数值，送入房间与室内空气混和。记录数据绘制 $i-d$ 图。

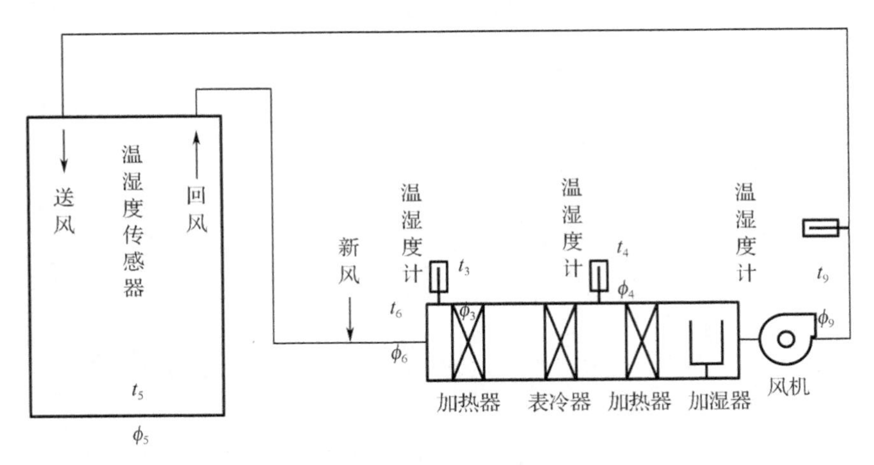

图6.4　空气处理过程示图

7. 参考公式

湿空气焓

$$h = 1.01t + 0.001d(2501 + 1.85t) \quad (\mathrm{kJ/kg_{干空气}})$$

含湿量

$$d = 622\frac{\varphi P_b}{B - \varphi P_b} \quad (\mathrm{g/kg_{干空气}})$$

式中 P_b——饱和水蒸气压力，可按下式计算：

$$P_b = 98\ 066.5\exp\Big[0.032\ 688\ 9 - 7.235\ 425\left(\frac{1\ 000}{273.16 + \theta_w} - \frac{1\ 000}{373.16}\right) + 8.2\ln\frac{373.16}{373.16 + \theta_w} - 0.005\ 711\ 33(100 - \theta_w)\Big]$$

θ_w——空气的干球温度，℃。

第7章　热工设备结构与操作运行

7.1　锅炉系统、制冷系统管路的安装

当组装式或散装式制冷设备的各部件如压缩机、冷凝器、蒸发器、贮液器、节流装置等安装就绪后，下一步就是进行管路的安装，管路包括制冷系统管路、冷却水系统管路、冷冻水系统管路等。锅炉本体、集箱，省煤器，空气预热器和蒸汽过热器安装完后，进行管路安装，包括给水系统管路和蒸汽管路系统。

7.1.1　管材与应用场合

制冷工程常用管材有钢管和铜管两类。钢管又分为无缝钢管和焊接钢管两种。无缝钢管的特点是质地均匀，强度高，易于加工，内理光滑，有热轧和冷拔之分；焊接钢管又称有缝钢管，按其表面处理与否有镀锌钢管和不镀锌钢管之分。制冷工程中常使用热轧无缝钢管。铜管又分为纯铜管和黄铜管两种。纯钢管的特点是质软，易弯曲加工，耐腐蚀，管壁光滑，但强度稍弱。制冷系统中较多使用纯铜管。

氨系统一律采用无缝钢管，不能用铜管或其他有色金属管。氟利昂系统可采用纯铜管或无缝钢管，且一般公称通径小于25 mm时用纯铜管，大于等于25 mm时用无缝钢管。盐水系统采用无缝钢管或焊接钢管，也可以使用铜管。冷却水系统一般采用镀锌钢管，用海水冷却时则采用铝黄铜合金管等。锅炉常用的管材为无缝钢管。

7.1.2　管材的弯曲

管路连接时，管材的弯曲是难免的。弯管的方法分冷弯和热弯。冷弯在专门的弯管机上进行；热弯是利用加热炉或气焊火焰先把管材加热退火，然后用人工或机械的办法将其弯曲。管材的弯曲半径一般为3～$5D$（D为管材的外径），且铜管及大管宜选用较大的弯曲半径。

7.1.3　管路的连接

管路的连接方式有三种：焊接、法兰连接及螺纹连接，其中焊接为不可拆卸连接，后两者为可拆卸连接。一般情况焊接不易泄漏，而法兰、螺纹连接便于拆检，因此应根据具体使用场

合及使用条件来确定管路的连接方式。

1. 焊接

焊接的特点是有很高的强度和严密性，是普遍采用的连接形式。根据管材的不同，管路的焊接可采用手工电弧焊或气焊（银钎焊、铜焊）等方式。无缝钢管一般采用手工电弧焊而较少用气焊，因为气焊时的应力难以消除。钢管的常见焊缝形式有对接焊缝和角焊缝，如图7.1所示，焊前应在焊缝处加工出适当的坡口，保持适当的间隙，以防止出现未焊透、焊缝裂纹等缺陷。纯铜管的焊接最好采用银钎焊，因为其焊接温度低，焊料的流动性好。在没有银钎焊条件下，也可采用铜焊，铜焊的焊接强度较高，但焊接时所需的温度也较高，容易引起纯铜管的氧化变质，使管材强度下降，所以铜焊时应注意掌握温度。相同直径的铜管焊接时，应采用插入焊结构形式，如图7.2所示。焊前先将铜管的一端用钢冲模扩口，扩口内表面用砂布擦亮，对接钢管焊接端外表面擦亮后插入扩口内压紧，以免焊接时焊料从间隙处流进管内，并最好将管接头垂直安放进行施焊。

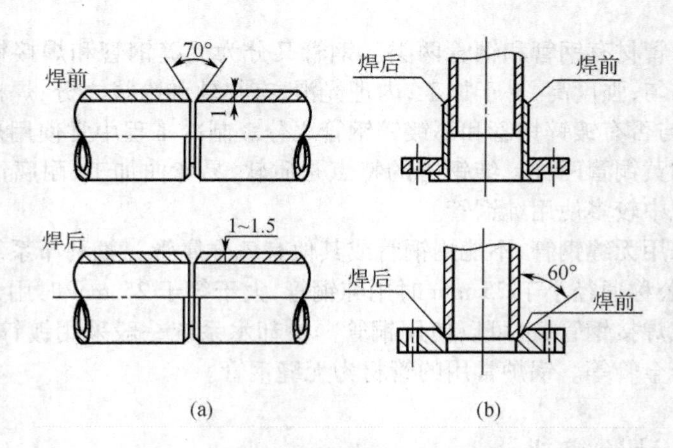

图7.1 无缝钢管的焊接

（a）钢管对钢管；（b）钢管对法兰

2. 法兰连接

用法兰将管子和管件等连接组成管路系统，是管路安装经常采用的连接方法，常用于管路与阀门或其他附属设备的连接。法兰的形式较多，制冷系统中多采用平焊法兰和凹凸形法兰。法兰与管子连接时要注意法兰螺孔位置，防止影响管件和阀门的朝向；管子插入法兰的深度，应使管端平面到法兰密封面有1.3~1.5倍于管壁厚度的距离，法兰内侧焊缝不得露出密封面。法兰连接用的密封垫片常采用石棉橡胶板，应根据输送介质特性、温度及工作压力

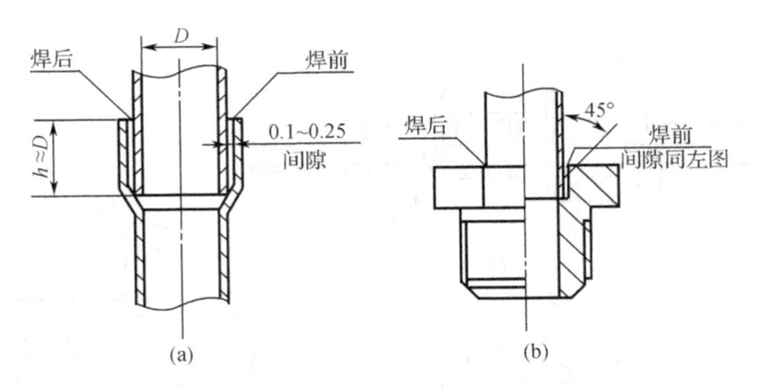

图7.2　钢管的插入焊接

选择不同种类的石棉橡胶板。垫片的密封面必须垂直于管子轴线。垫片应采用冲压或垫片专用切割工具加工，其边缘要光滑，不能有裂纹，垫片的内径应略大于法兰密封面的内径，外径应略小于法兰密封面的外径，这样可防止因垫片错位而减小管路截面，且便于安装和更换。法兰紧固时，不允许用斜垫片或强紧螺栓的办法消除歪斜和用加双垫片的办法弥补间隙。

3. 螺纹连接

螺纹连接有两种类型，一种是管螺纹连接，另一种是喇叭口螺纹连接。管螺纹连接是通过外螺纹和内螺纹的相互啮合，达到管子与管件、阀门、设备间的连接。管螺纹又分为带密封管螺纹和不带密封管螺纹，可适用于不同的场合。为使接头严密，内外管螺纹间通常要加密封填料，填料的种类较多，应根据输送的介质和使用的温度来选用，目前广泛使用的填料有聚四氯乙烯生料带和橡胶型密封胶带等，喇叭口螺纹连接只适用于纯铜，连接时应先在铜管上套上接管螺母，再把管口胀成喇叭口形，然后将接管螺母与喇叭口接头旋紧，铜管的喇叭口接触面在接管螺母的挤压下产生塑性变形使接口处密封。喇叭口螺纹连接有两种形式：(1)全接头连接，即两端都为螺纹连接，如图7.3(a)所示；(2)半接头连接，即一边铜管用螺纹连接，另一边铜管则与接头焊接，如图7.3(b)所示。

4. 管路安装

为了确保制冷系统的安全正常工作，应充分重视各种管路的安装要求。

管路安装基本要求：

(1)接管前应检查各管件、接管内壁，应清除锈斑、氧化皮、焊渣，应确保管材无裂纹、接头清洁、符合接管条件，无杂质污物，已经过焊接的管件应仔细清除焊渣，应确保管材无裂纹、无泄漏等缺陷。

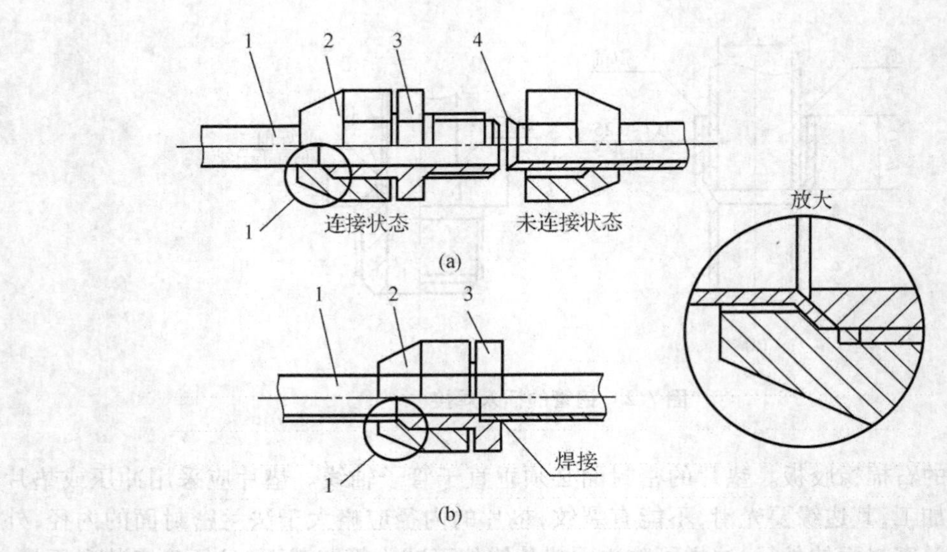

图 7.3　纯铜的喇叭口螺纹连接

(a)全接头连接;(b)半接头连接

(2)接管应按产品说明书所要求的规格配备,不能随意更改,以保证其必要的耐压强度和较小的管路流阻损失。

(3)接管应尽量缩短长度,尽量减少不必要的弯头;弯管应使用弯管设备或工具,以保证弯道圆滑平整;管路中连接三通管时一般不使用"T"形三通,应制成顺流三通,如支管与主管的管径相同且 DN < 50 mm 时,主管应局部加大一个规格制成扩大管后,再开顺流三通。

(4)接管应有防振措施,较长的接管应有支架支撑,以免因振动引起的损坏而影响设备的运行。

(5)接管的排列外形应整齐、美观,便于施工操作和维护检修。

7.2　热交换器

7.2.1　换热器定义

在不同温度的流体间传递热能的装置称为热交换器,简称为换热器。在换热器中至少要有两种温度不同的流体,一种流体温度较高,放出热量;另一种流体则温度较低,吸收热量。在工程实践中有时也会存在两种以上流体参加换热的换热器,但它的基本原理与前一种情形并无本质上的差别。特别应强调指出的是,此处所讨论的换热器均以传热为其主要过程。

在化工、石油、动力、制冷、食品等行业中,经常可以看到各种换热器,且它们是上述这些行业的通用设备,并占有十分重要的地位。随着我国工业的不断发展,对能源利用、开发和节约的要求不断提高,因而对换热器的要求也日益加强,特别是对换热器的研究必须满足各种特殊情况和苛刻条件的要求,对它的研究就显得更为重要。

大致说来,随着换热器在生产中的地位和作用不同,对它的要求也不同,但总的说来均需满足以下一些基本要求。

首先,满足工艺过程的要求,以换热器中应用最为广泛的管壳式换热器为例,其工作压力可以从高真空到 80 MPa,工作温度可以从 -100 ℃以下到 1 200 ℃的高温,这就要求换热器在各种不同的工作条件下,均有较高的换热强度,且应尽量减少热量损失。

其次,要求在该工作压力下具有一定的强度,但又要求结构简单、紧凑,便于安装和维修。

第三,要求造价低,但却又要求运行安全。

显然,要同时满足上述这些要求是十分困难的,甚至是相互矛盾的,这就对每一个换热器的研究者和制造者提出一个很高的要求,即如何在相对满足上述要求的基础上设计制造出最适用的换热器。

从这一点上看来,可以想到换热器的研究不仅与传热有密切相联的关系,而且还牵涉到强度、热物性、污垢、振动以及自动控制等方面的问题,这表明换热器的研究实际上是多学科相互交叉的结合研究。

7.2.2 换热器的分类

虽然各行各业对换热器的要求各不相同,但仍可按照它们的共同特性来加以分类。分类的方法很多,例如可以按其用途来分类,加热器用以把流体加热到某一预定温度;冷却器用以把热流体冷却到某一预定温度;蒸发器用以加热液体使之蒸发汽化;冷凝器则用以冷却凝结性饱和蒸汽;等等。

换热器也可按照制造材料来分类,有金属的、陶瓷的、塑料的、玻璃的,甚至还有纸制的,等等。

若按照温度状况来分,则可分为温度工况不随时间而变的稳态换热器,以及温度工况随时间而变的非稳态换热器。

若按照热、冷流体的流动方向来分,则当两种流体平行地向同一方向流动的称为顺流式,如图 7.4(a)所示;两种流体虽然也是平行流动,但流向相反的称为逆流式,如图 7.4(b)所示;两种流体的流向相互垂直交叉的称为叉流式,如图 7.4(c)所示;图 7.4 的(d),(e),(f)所示的则为三种不同组合的流动方式,称之为混合式,此时两种流体在流动过程中既有顺流部分,又有逆流部分。

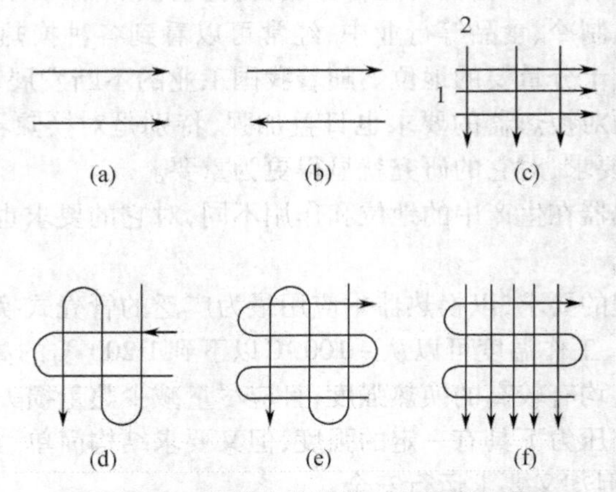

图 7.4　流体在换热器中的流动方式

在对换热器分类时,用得最多的也是最主要的一种方法是按照工作原理来分,此时可分为间壁式、混合式和蓄热式三大类。

作为间壁式换热器,热流体和冷流体间有一固体壁面,两种流体被固体壁面隔开,彼此不直接接触,热量的传递必须通过壁面。

混合式换热器依靠热、冷流体的直接接触而进行换热,换热后理论上应变成同温同压的混合介质流出。

蓄热式换热器则依靠固体填充物组成的蓄热体传递热量。热、冷流体依次交替地流过由蓄热体组成的流道。当热流体流过时,把热量储存于蓄热体内,其温度逐渐升高。而当冷流体流过时,蓄热体因放出热量温度逐渐降低,如此反复进行。因此在换热器内进行的是一个非稳态过程。

有一种中间热媒式换热器是把两个间壁式换热器由在其中循环的热媒连接起来的换热器。热媒从高温流体换热器中吸收热量后带到低温流体换热器中传给低温流体。由此可见,热媒是高温流体换热器中的冷源,同时也是低温流体换热器中的热源,它实际上是间壁式换热器的一种组合形式。

在上述几类换热器中,间壁式换热器应用最广,而且对它的研究也最充分,其他类型换热器的设计和计算也常借鉴于间壁式换热器。

7.2.3　各种型式的间壁式换热器

根据换热壁面的形状不同,间壁式换热器又可分为若干种类型,现分别加以介绍。

1. 沉浸式换热器

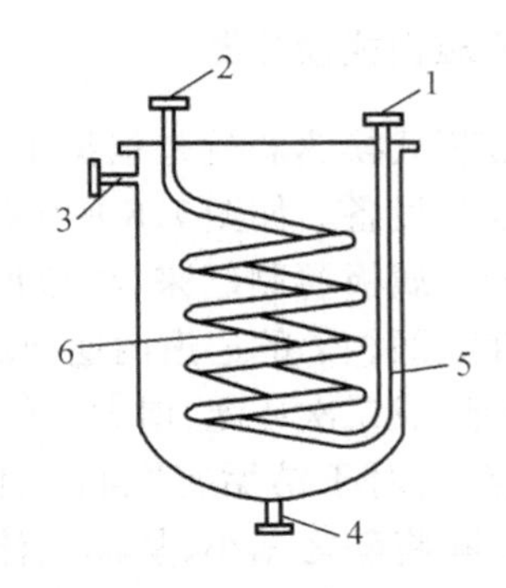

图7.5 沉浸式热交换器示意图

1~4—流体进、出口;5—液体;6—管子

这种换热器的结构是在某一容器内放入用直管或螺旋状盘管构成的换热面,容器内走一种流体,而管内走另一种流体,见图7.5。由于容器的体积一般都比较大,容器内的流体的流动常属于自由流动,所以对流换热系数相对较低,加上容器内流体的体积庞大,对工况的改变就不太敏感。此外,传热温差相对较低。这种换热器的最大优点是结构简单、制造容易、维修方便,所以目前在很多场合中仍有应用,而且由于更换管子较为方便,故常应用于有腐蚀的情形。

2. 喷淋式换热器

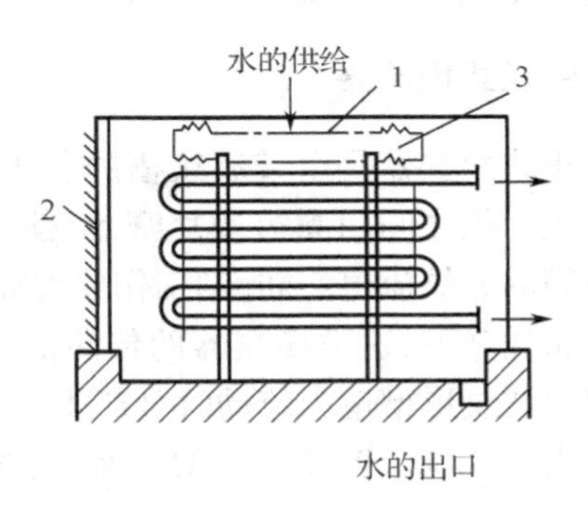

图7.6 喷淋式热交换器

1—槽;2—百叶窗;3—槽的零件

这种换热器的特点是直接将冷流体喷淋到管外表面上,使管内的热流体得以冷却,其结构如图7.6所示。由图可知,当喷淋的水不够充分时,被喷淋的水会蒸发汽化,而且换热器底部的管子不能被淋到,也就不能参与换热。这种换热器的另一个缺点是金属耗量大,但它也有一些优点,例如结构简单、易于维修和更换管子,且由于管外的蒸发汽化以及空气也能吸收一部分热量,所以传热效果相对较好。

3. 肋片管式换热器

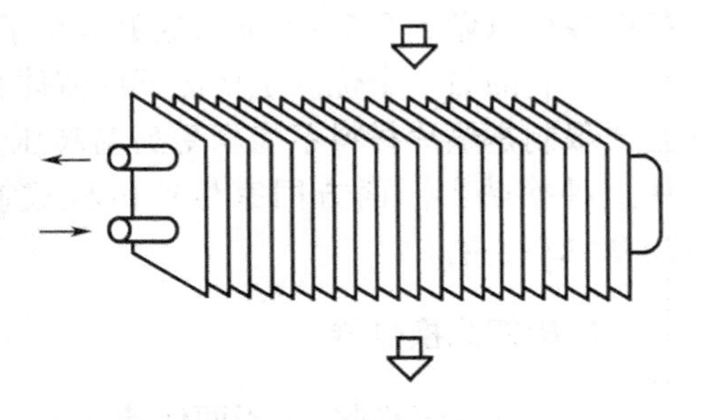
图7.7 肋片管示意图

这种换热器采用肋片管,其示意图如图7.7所示,它的冷流体一般采用空气。由于空气侧的换热系数通常要比被冷却的介质侧的换热系数低很多,为此就需在空气侧采用肋片管以强化传热,但安装肋片管后流动阻力将增加很多。如何在阻力增加不多的前提下大大地增加换热系数,是目前研究中的一个重要课题。至于空气的进入,可以采用鼓风式,也可采用吸风式,视其用途而定。当冷热侧流体的换热系数属于相同数量级时,为了强化传热,最有效的方法是同时增强热、冷流体的换热强度。

4. 螺旋板式换热器

螺旋板式换热器就是根据上述思路发展起来的一种新型高效换热设备。如图7.8所示即是它的一种型式,它由两张平行的金属板卷制起来,构成两个螺旋形通道。热、冷流体分别在这两相邻的通道内逆向流动。由于离心力的作用,流体不断形成二次环流,增大了传热系数。这种换热器的另一个优点是,对于结垢有“自洁”作用,因为当污垢增厚时,通道截面积将随之减小,从而使流速增加并引起冲刷,以达到自洁的目的。加上结构本身比较紧凑,还可用价格较低的板材来代替管材,材料范围也广,所以应用场合极为广泛。但它最大的缺点是不易清洗、检修困难、承压能力较低,它一般用于压强在1 MPa以下的场合。

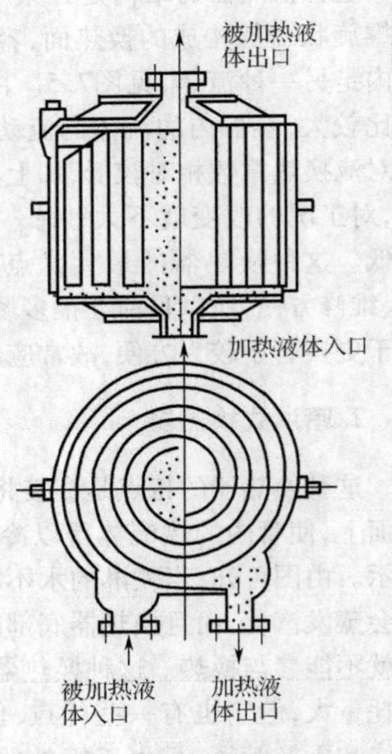

图7.8 螺旋板式换热器

5. 板式换热器

板式换热器是由带波纹槽的若干矩形金属板片叠置压紧组成。板之间用周边垫片密封,使热、冷流体逆向经过相邻板间的波纹流道空间,其工作原理如图7.9所示。在相同的金属耗量下,这类换热器的传热面积要大得多,流体在板之间的波纹形槽道内流动时会产生强烈的扰动,其传热系数值可高达8 000 W/(m^2 · ℃),而且结构紧凑,占地面积小,紧凑性可达250 ~ 1 000 m^2/m^3,几乎不需要维修空间,加上在换热器中不存在有间隙、旁路或轴向泄漏,所以也不会导致传热系数的降低。这种换热器的壁厚可以做到0.7 ~ 1 mm,这就减小了金属热阻,而且在相同的换热面积下,金属耗量要少得多。它的另一个优点是换热器内流体存量少,致使对过程的控制比较方便。板式换热器的主要限制是垫片材料不能承受高温高压,加上密封边长,因此处于高温高压下的流体不宜使用这种换热器。西方国家生产的板式换热器最高使用温度约为205 ℃,最大使用压强为2 000 kPa左右。

6. 板翅式换热器

对于气-气换热,由于两侧流体的换热系数都低,因此除了同时增强两侧的换热能力以外,还必须设法同时扩展两侧的换热面积。板翅式换热器就是针对这种需要开发出来的,其结构型式虽然很多,但均由一些基本换热元件组成,如图7.10所示。图7.10(a)为其分解形式,而图7.10(b)是一种叠放形式。叠积时常采用整体焊接,焊接的质量取决于换热器中波

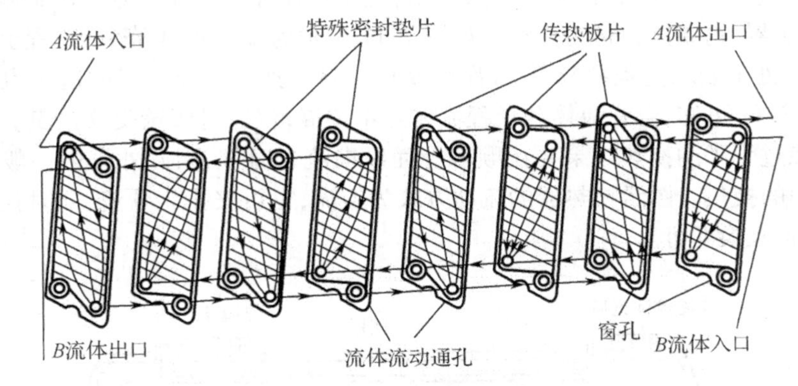

图 7.9　板式换热器

纹翅片的制造公差以及焊接时升温的均匀性。若翅片公差大或升温不均,就会出现局部脱焊现象,导致换热器性能恶化。

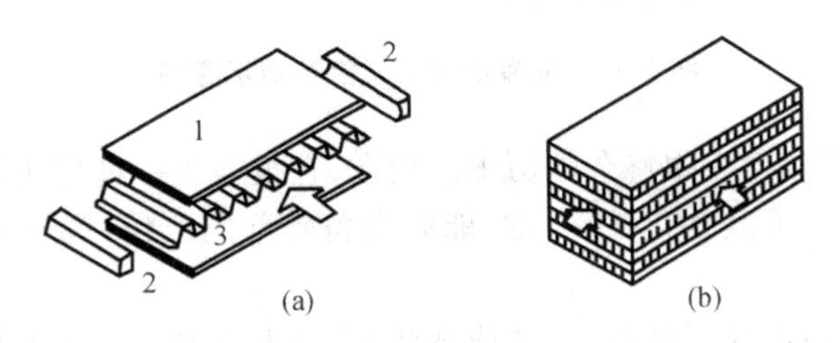

图 7.10　板翅式换热器结构原理图

1—盖板;2—挡板;3—翅片

板翅式换热器的优点是传热系数相对较高,以气 - 气换热为例,其传热系数可高 3 000 $W/(m^2 \cdot ℃)$以上,且结构紧凑,每 m^3 体积中容纳的传热面积可高达 2 500 m^2 以上,承压可达 10 MPa。由于它的制造材料一般为铝合金,所以不但体积小,而且质量轻,被广泛用于航空和宇航工业。

它的缺点是易于堵塞,清洗困难,制成后无法对内部进行检修,一旦出现泄漏,便将报废。所以它仅适用于清洁和非腐蚀性流体的换热。此外,板式换热器造价高,且受到焊接设备的限制,难以大型化。

7. 管壳式换热器

如图 7.11 所示为一种最简单的管壳式换热器的示意图。它的传热面由管束构成,管子的两端固定在管板上,管束与管板再封装在外壳内,外壳两端有封头,一种流体(图中为冷流体)从进口封头流进管子里,再经出口封头流出,这条路径称为管程。另一种流体从外壳上的连接管进出换热器,这条路径称为壳程。如图7.11所示为2管程、1壳程,工程上称之为〈1-2〉型换热器(此处1表示壳程数,2表示管程数)。同样,把几个壳程串联起来也能得到多壳程结构。由图7.11可知,管程流体和壳程流体互不掺混,仅通过管壁交换热量。在同样流速下,流体横向掠过管子的换热效果要比顺着管面纵向流过时好,因此外壳内一般装有折流挡板,以改善壳程的换热。图示换热器的流动方式为逆流,也可安排为顺流,此时仅需把一种流体的进出口位置互换即可。

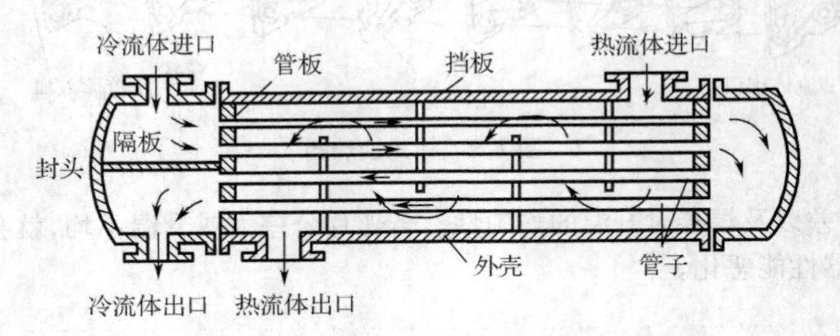

图7.11 简单的管壳式换热器示意图

管壳式换热器的应用已有很悠久的历史。现在,它被当作一种传统的标准换热设备在很多工业部门中大量使用,尤其在化工、石油、能源设备等部门所使用的换热设备中,管壳式换热器仍处于主导地位。

一般说来,这类换热器易于制造,生产成本较低,选材范围广,清洗方便,适应性强,处理量大,工作可靠,且能适应高温高压。虽然它在结构紧凑性、传热强度和单位传热面积的金属耗量方面无法与板式或板翅式换热器相比,但它由于具有前述一些优点,而今仍处于主导地位。在换热器向高温、高压、大容量发展的今天,管壳式换热器更增添了新的生命力。

8. 热管换热器

热管换热器是采用热管作为换热元件的换热器,它的构造简单,基本上由换热管、外壳和隔板三部分组成。与管壳式换热器相比,由于换热管的加热端与冷却端和热、冷流体之间的换热均为外掠圆管的强迫对流换热,因此可以在管外壁安装肋片来强化传热,从而增强了传热系数,使这种换热器具有体积小、质量轻、阻力小、传热系数高以及无运动部件和维修容易等优点。

热管换热器虽有一系列优点,近年来发展也较快,但目前还很难大规模推广使用。主要原因有如下几点:首先是热管材料和工艺费用较高;其次是热管的寿命较短,有人估计目前一般运行寿命最长的约5年左右;第三,热管表面的污垢附着物虽然比较疏松,便于清除,但要

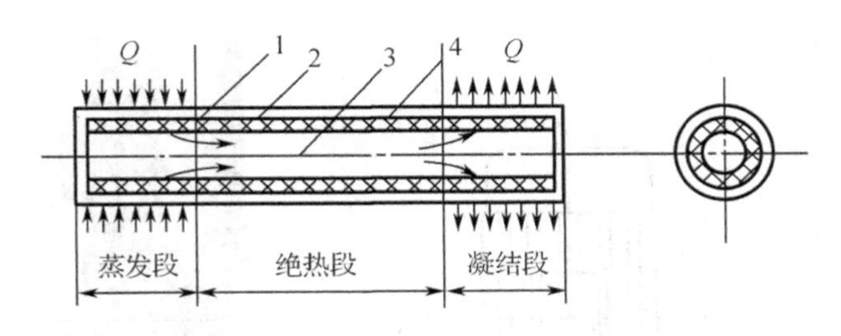

图7.12　热管工作原理图

1—管壳;2—管芯;3—蒸汽腔;4—液体

安装吹灰器,不然会影响使用效果。

7.3　水　　泵

7.3.1　单级单吸管道离心水泵

单级单吸管道离心水泵均按JB/T 53028—93和国际ISO2858标准要求设计制造,同时根据我国管道装备上温度、介质等不同,采用IS型离心泵之性能参数优化设计生产了热水型(IRG)、化工耐腐蚀型(IHG)、化工防爆型(IHGB)等。

ISG型使用温度<80 ℃,适用于清水及物理性质类似清水的介质。

IHG型使用温度-20~120 ℃,不含固体颗粒,具有腐蚀性介质。

IRG型使用温度<120 ℃,适用热水管道增压循环之用。

YG型使用温度-20~120 ℃,适用于防爆、有腐蚀性介质。

工作条件:泵系统最高工作压力为≤1.6 MPa,即泵吸入口压力+泵扬程≤1.6 MPa,泵静压试验压力为2.5 MPa,订货时请注明系统工作压力,泵系统工作压力大于1.6 MPa时应该在订货时另行提出,以便在制造时泵的过流部件的连接部件采用铸钢材质。

技术要求:

(1)泵体与上部结构中间装有隔热盖,适用于介质温度$t<120$ ℃的场合。

(2)泵与电机轴承组合配置,保证轴运转精度,提高密封的可靠性。

(3)可根据用户要求隔热盖内安装风冷装置。

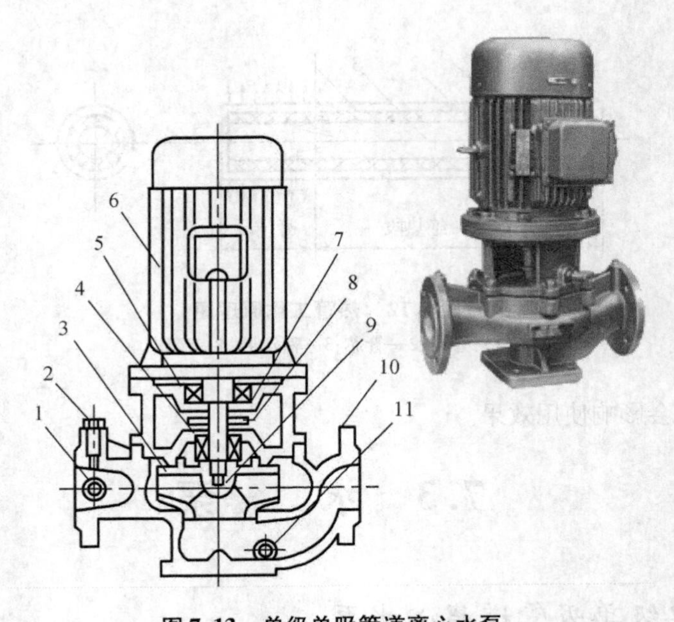

图 7.13　单级单吸管道离心水泵

1—取压塞;2—排气阀;3—叶轮;4—机械密封;5—轴承;6—电机
7—联体座;8—挡水圈;9—叶轮螺母;10—泵体;11—放水阀

7.3.2　立式多级管道泵

这种泵是最新泵型,具有节能、占地面积小、安装方便、性能稳定等特点。外套使用 1Cr18Ni9Ti 优质不锈钢,轴封用耐腐机械密封,无泄漏,使用寿命长。双水力平衡解决轴向力,因而泵运转平稳,低噪音,安装条件优于 DL 型泵,可以简便安装于任何一段水平管路中间,完全能满足高层建筑、深井矿等给排水及消防设施需要,是广大行业冷热水或一般介质、理化性质类似水等液体输送的最佳泵型。

使用温度≤100 ℃

压力≤160 MPa(16 kg/cm^2)

图 7.14　立式多级管道泵

7.3.3　卧式离心泵

卧式离心泵包括ISW卧式清水泵、ISWR卧式热水泵、ISWH卧式化工泵、ISWB卧式管道油泵。

ISW,IQW,ILW清水泵适用于输送清水式理化性质类似于清水的无颗粒介质,介质温度≤80 ℃。

ISWR,IQWR,ILWR热水泵输送介质温度≤120 ℃。

ISWH,IQWH,ILWH化工泵输送有腐蚀性液体,温度≤120 ℃。

ISWB,IQWB,ILWB管道油泵适用于输送油类或易燃易爆液体。流量为1.1~1 200 m^3/h,扬程为8~125 m,吸程为5~7 m。

主要用途:

主要用于工业、城市给水、高层建筑给水、消防管道增压、暖能空调冷热水循环、远距离排水及生产工艺循环增压输送,给水设备、锅炉设备配套使用。

7.3.4　化工泵

1. 化工泵主要用途

化工泵参照化工泵标准设计而成,过流部分根据所输送介质的不同采用ZG1Cr18Ni9Ti,ZG1Cr18Ni12Mo2Ti,ZG0Cr18Ni9Ti(304L)及其他耐腐蚀材料制造,采用防爆电机适用于石油、化工、医药、卫生、食品、炼油等行业输送化学腐蚀性液体及易燃易爆性化工介质,使用温度为120 ℃。

2. 技术要求

(1)机械密封前置有承磨付,泵盖上设有密封冷却,冲洗孔,适用于挂送介质易挥发或结晶的场合,延长在介质含微小颗粒机械密封的使用寿命。

(2)泵与电机轴承组合配置,保证轴运转精度,提高了密封的可靠性。

(3)机械密封采用硬介合金材质。

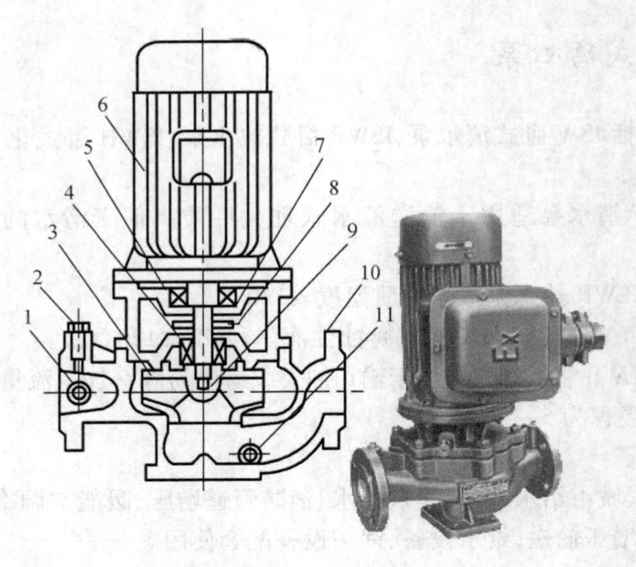

图 7.15　化工泵

1—排气阀;2—叶轮;3—冲洗冷却水管;4—泵盖;5—轴承;6—电机;
7—连体座;8—机械密封;9—承磨付;10—叶轮螺母;11—泵体

7.4　风　　机

风机包括各种离心式通(引)风机、斜流风机、混流风机、轴流式风机、消声隔声音设备以及各种特殊用途的不锈钢、钛材、玻璃钢、塑料及衬胶、贴瓷等不同材质的防腐、防爆和耐高温的高效低能耗新型风机,广泛应用于钢铁、冶金、医药、化工、纺织、煤矿、市政等各行业。

图 7.16　锅炉离心通(引)风机

7.4.1　锅炉离心通(引)风机

锅炉离心通(引)风机与一般离心风机一样,主要是提高了防腐性及其使用温度,适用于热电站和其他工业蒸汽锅炉送风及排烟。

主要型号:G4 -68,Y4 -68,G4 -73,Y4 -73,Y5 -47,Y5 -48,Y6 -30 -12等。

7.4.2　排尘风机

排尘风机是排送含有尘埃、木质碎屑、细碎纤维等空气混和物的设备，如图7.17所示。

主要型号：C4-73，4-2×68，FC6-48，C6-46，SSF232-21。

7.4.3　煤粉风机

煤粉风机是低能耗、高效率、噪声低、性能曲线平坦、耐磨损、工作稳定性好，一般温度不得超过80 ℃。

主要型号：M6-29，M6-31，M7-16，M7-29，M9-26等。

7.4.4　高压离心风机

高压离心风机可作为各种熔炉、锻冶炉的高压强制通风，也适用于输送空气及腐蚀性、不自燃、不含有黏性物质的气体，如图7.18所示。

主要型号：9-12，9-19，10-20，9-26，9-11，8-09，9-20-11，9-28等。

7.4.5　高温通风机

高温通风机适用于无腐蚀性（或弱腐蚀性）、高温（450 ℃-800 ℃）气体，具有运转平稳、强度大、使用寿命长等特点。

主要型号：W4-68，W4-72，W5-47，W5-48，W9-19，W9-26，W9-28等。

7.4.6　一般离心通风机

一般离心通风机可为一般工厂及大建筑物的室内通风换气，输运介质应是空气和其他不易燃、易爆、无腐蚀性的气体，如图7.19所示。

主要型号：4-72，B4-72，T4-72，4-79，4-68等。

7.4.7　轴流风机

轴流风机用于一般工厂、仓库、办公室、住宅等地方的通风换气，如图7.20所示。

主要型号：T35，BT35，T40，GD30K-12，JS20-11，GD系列，SS系列，DZ系列等。

图 7.17 排尘风机

图 7.18 高压离心风机

图 7.19 一般离心风机

图 7.20 轴流风机

7.4.8 钛材风机

钛材风机耐高温、耐腐蚀、结构稳定、性能优良、使用寿命长，其防腐性能比采用不锈钢制造的风机在相同环境下好 80～100 倍，是目前国内防腐风机最优良的产品。适用于有色金属冶炼，稀贵金属冶炼，以及氯碱化学工业、钛白粉、三氯铁、三溴化铁、漂白粉、氯化镁、硫酸盐肥料、造纸工业等生产过程。

本系列风机型号齐全，主要产品：F9－26，F9－19，F4－62 等

7.4.9 玻璃钢风机

玻璃钢风机质量轻、耐腐蚀、低噪声、不易老化，温度可达到 120 ℃，适用于排送一定浓度的腐蚀性气体，也可作一般建筑物的通风换气。

主要型号：BF4－72；BFT30；BFT35；BFT40 等。

7.4.10 塑料风机

塑料风机质量轻、耐腐蚀、低噪声，温度不超过 50 ℃，适用于排送一定浓度、温度不超过 50 ℃的腐蚀性气体。

7.4.11 不锈钢风机

不锈钢风机普通防腐蚀，适用于输送符合该材质的一般酸性腐蚀气体。一般离心风机、轴流风机的型号都适用于不锈钢制作，流量、风压也相同，主要是提高了它们的防腐蚀性以及使用温度。

7.4.12　耐磨风机

耐磨风机有喷焊堆焊、贴耐磨陶瓷片等。采用宇航胶黏剂，专利焊接技术，耐温可达 180 ~ 1 000 ℃。适用于任何型号的风机，其使用寿命比同类产品长 3 ~ 4 倍。

7.5　阀　门

阀门在国民经济各个部门中有着广泛的应用。它安装在各种管路系统中用于控制流体的压力、流量和流向。是我国实现四个现代化不可缺少的重要机械产品。它与生产建设、国防建设和人民生活都有着密切的联系。阀门是流体输送系统中的控制部件，具有导流、截流、调节、防止倒流、分流或溢流卸压等功能。阀门从最简单的截断装置到极为复杂的自控系统，其品种繁多，通径小至用于宇航的仪表阀，大至通径达 10 m、重十几 t 的工业用阀。

7.5.1　阀门分类

1. 按用途和作用分类

(1) 调节阀类：主要用于调节介质的流量、压力等。包括调节阀、节流阀、减压阀等。
(2) 止回阀类：用于阻止介质倒流，包括各种结构的止回阀。
(3) 分流阀类：用于分离、分配或混合介质，包括各种结构的分配阀和疏水阀等。
(4) 安全阀类：用于介质超压时的安全保护，包括各种类型的安全阀。

2. 按主要参数分类

(1) 按压力分类
①真空阀：工作压力低于标准大气压的阀门。
②低压阀：公称压力 PN 小于 1.6 MPa 的阀门。
③中压阀：公称压力 PN 在 2.5 ~ 6.4 MPa 的阀门。
④超高压阀：公称压力 PN 大于 100 MPa 的阀门。
(2) 按介质温度分类
①高温阀：$t > 450$ ℃的阀门。
②中温阀：20 ℃ $< t <$ 450 ℃的阀门。
③常温阀：−40 ℃ $< t <$ 120 ℃的阀门。
④低温阀：−100 ℃ $< t <$ −40 ℃的阀门。

⑤超低温阀:$t < -100$ ℃的阀门。

3. 按阀体材料分类

(1)非金属材料阀门:如陶瓷阀门、玻璃钢阀门、塑料阀门。

(2)金属材料阀门:如铜合金阀门、铝合金阀门、铅合金阀门、钛合金阀门、蒙乃尔合金阀门、铸铁阀门、碳钢阀门、铸钢阀门、低合金钢阀门、高合金钢阀门。

(3)金属阀体衬里阀门:如衬铅阀门、衬塑料阀门、衬搪瓷阀门。

4. 通用分类法

这种分类方法既按原理、作用又按结构划分,是目前国际、国内最常用的分类方法。一般分闸阀、截止阀、节流阀、仪表阀、柱塞阀、隔膜阀、旋塞阀、球阀、蝶阀、止回阀、减压阀、安全阀、疏水阀、调节阀、底阀、过滤器、排污阀等。

7.5.2 阀门结构

1. 闸阀

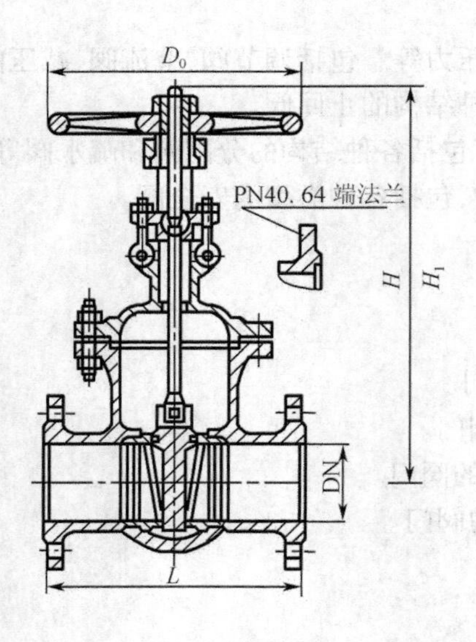

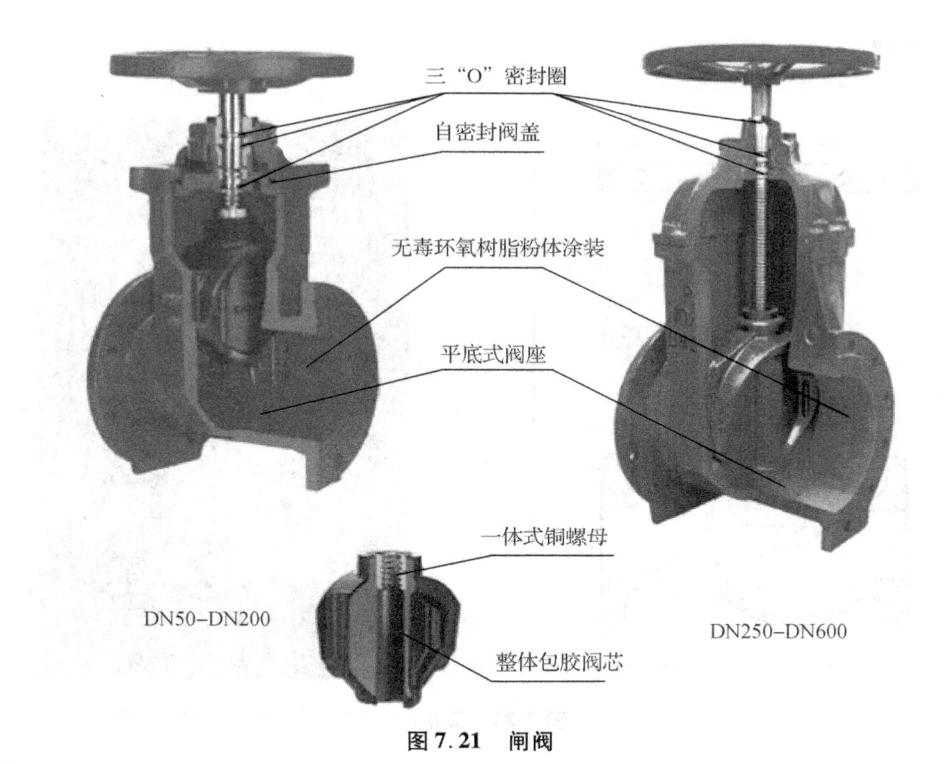

图 7.21　闸阀

2. 调节阀

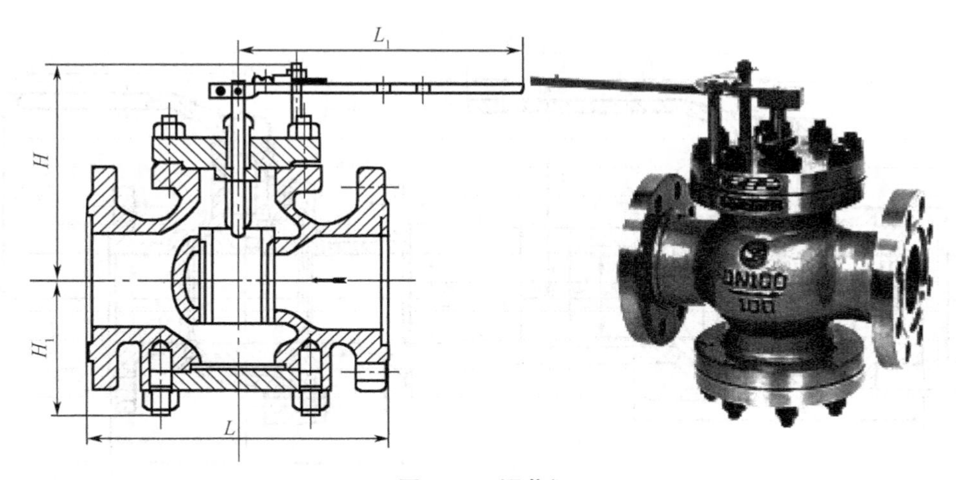

图 7.22　调节阀

3. 截止阀

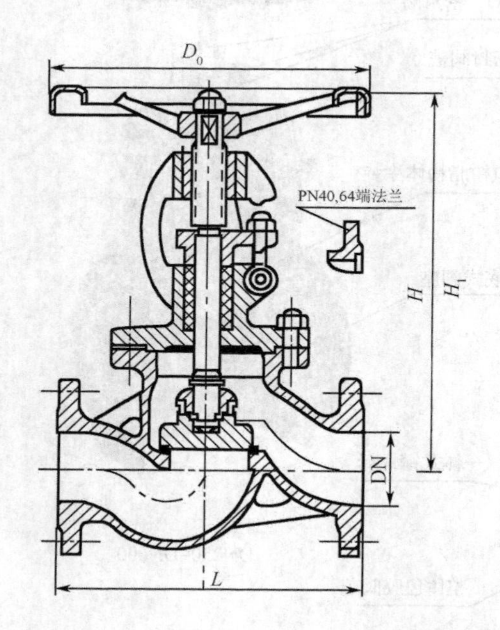

图 7.23 截止阀

4. 球阀

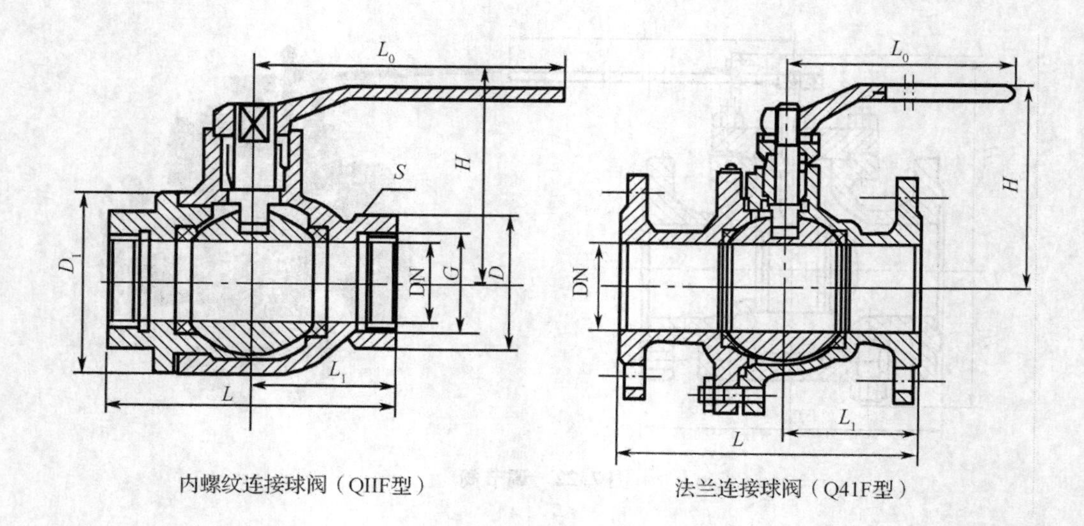

图7.24　球阀

5. 蝶阀

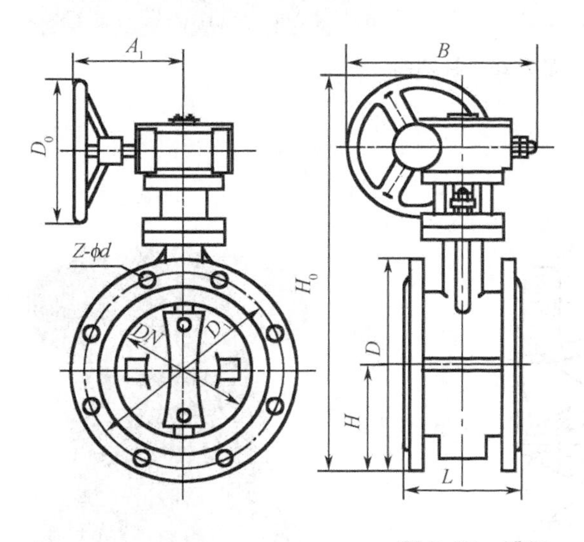

图7.25　蝶阀

6. 柱塞阀

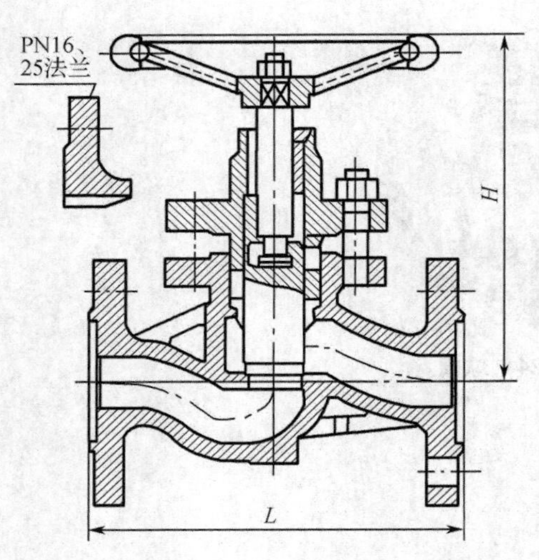

图 7.26 柱塞阀

7. 止回阀

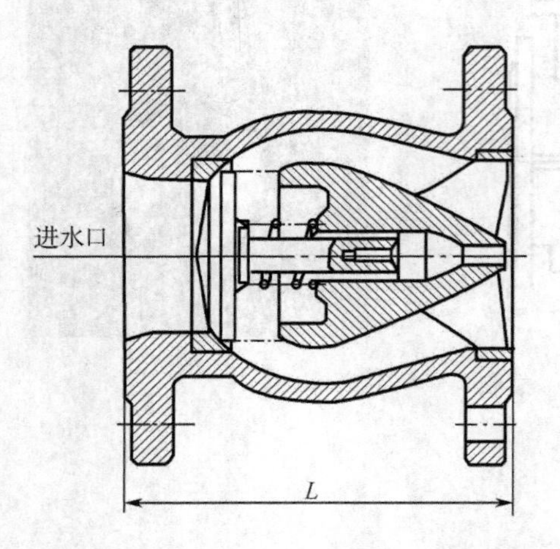

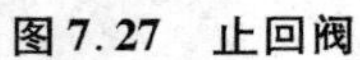

图 7.27 止回阀

8. 减压阀

蒸汽减压阀适用于蒸汽、空气等气体管路。通过减压阀的调节,可使进口压力降至某一需要的出口压力,当进口压力或流量变动时,减压阀依靠介质本身的能量可自动保持出口压力在小范围内波动。

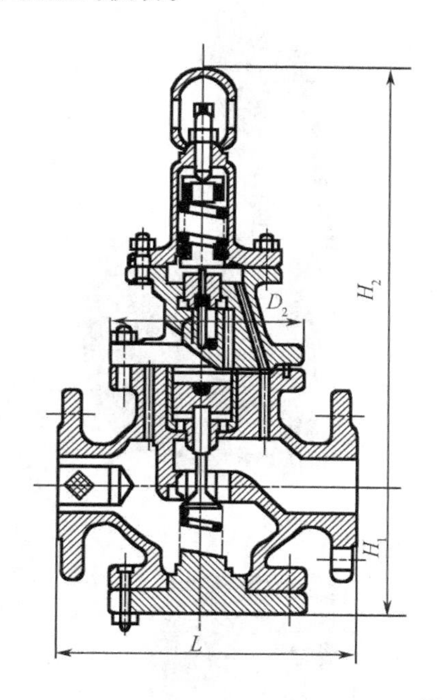

图 7.28　减压阀

9. 安全阀

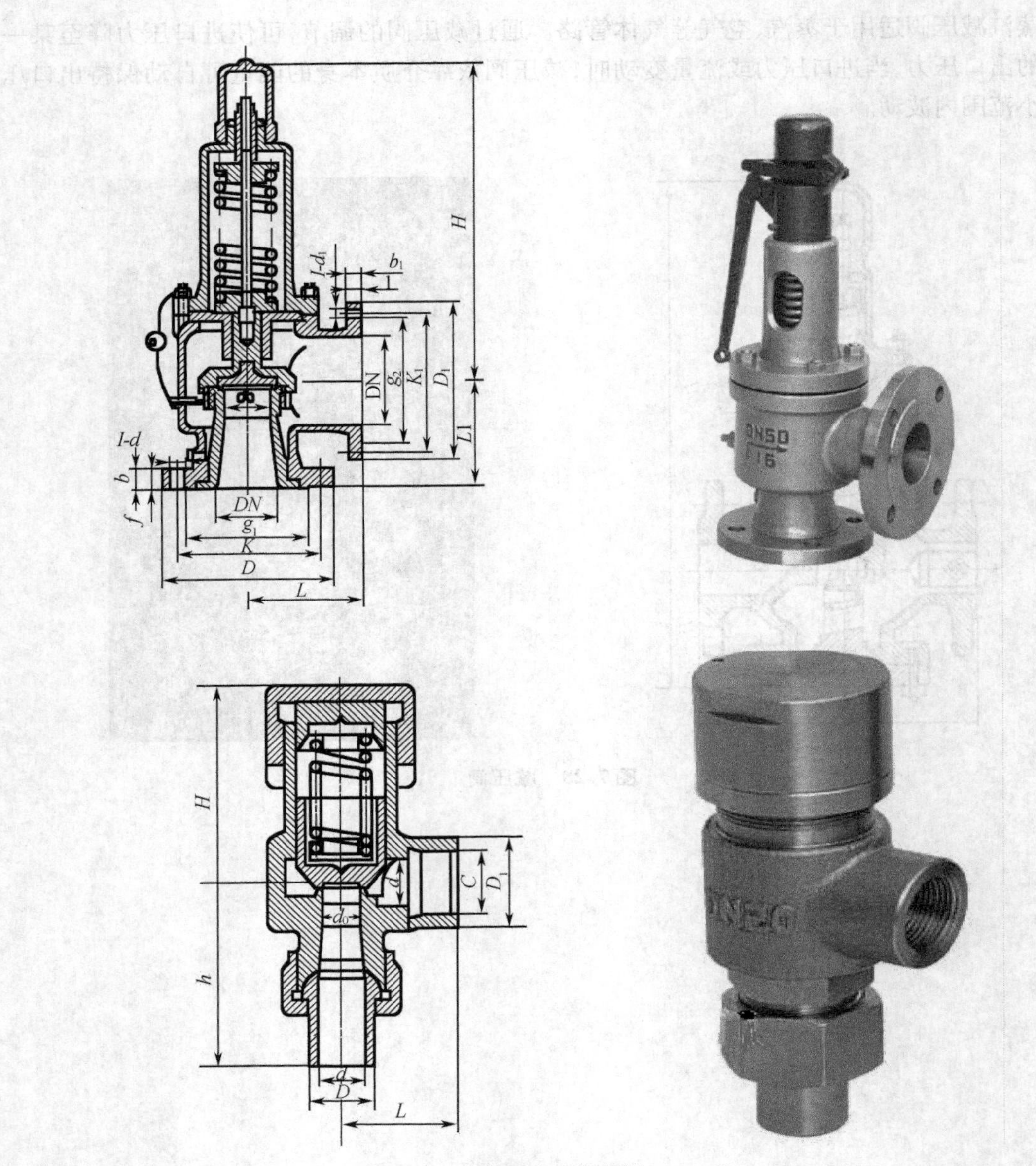

图 7.29　安全阀

7.6　锅炉运行与操作

锅炉运行中的操作是一项要求具备高度责任心和较高技术能力的重要工作。锅炉运行的任务就是在保证运行安全的基础上，提高锅炉运行的经济性。锅炉的启动和停炉是炉温大幅度变化的过程，也是锅炉运行参数连续变化的不稳定过程，操作不当将损坏设备，容易造成事故。锅炉运行情况复杂，气温、气压、水位等运行变化，需要操作人员严密监测，及时发现，并不断地进行调整，保证燃烧和运行参数的稳定。

7.6.1　燃油锅炉的运行

1. 点火前的检查

对于新装、移装、改造和长期停用的锅炉，在点火前要作一次全面认真的检查。具体检查内容和要求如下：

(1)检查锅炉内、外部。检查锅筒联箱内有无遗留的工具和其他杂物，手孔门应上好、拧紧；检查炉膛受热面、绝热层是否完好，炉膛内是否有残留燃料油或油垢，燃烧设备是否良好，烟道闸门开关是否灵活，烟道有无杂物。

(2)检查主要安全附件、热工仪表和电器仪表。安全阀、水位表、压力表要灵敏可靠。

(3)检查给水设备和汽水管道。各阀门按启动的要求调整，软水箱应有足够的贮水。

(4)检查油(气)系统及安全附件，阀门装配，开关位置是否正确。

(5)使用液化石油气或乙炔气点火的锅炉，还要检查液化石油气或乙炔气压力是否达到要求，阀门是否已开启。

2. 启动给水泵

开启水泵出口阀，向锅炉进水。进水的水质应符合锅炉给水标准，进水速度要缓慢，水温不宜过高，一般水温 40 ℃左右为好。上水时发现人孔盖、手孔盖或法兰结合面有漏水应暂停上水，拧紧螺丝，无漏水后再继续上水。

当锅炉水位升至水位表正常水位指示处时，给水泵应能停止运转。此时，不要急于点火，要观察水位是否维持不变，如水位逐渐降低，应查明原因设法消除，如水位仍继续上升，则说明给水阀漏水，应进行修理或更换。停止给水后，还应试开排污阀放水，检查最低安全水位时给水泵是否自动进水。

3. 点火与升压

(1)点火程序

点火前应首先对炉膛进行吹扫。吹扫结束后,点燃引火燃料(煤气或燃油)反映火焰的存在,并使其继续燃烧10秒钟左右,此称为引火牵引期。10秒钟后,主燃料阀(煤气或燃油)即被驱动,点燃主燃烧器,主燃烧器若正常燃烧,点火系统即自动关闭。

(2)锅炉启动时间

锅炉启动时间应根据锅炉类型、蒸发量而定。

一般立式锅炉水容量小,启动所需时间要短些,卧式锅炉、水容量大的锅炉,启动所需的时间要长些。总的来说启动要缓慢进行,启动时火焰应调至"低火"状态,使炉温逐渐升高。如果启动时间短,温度增高过快、锅炉各部件受热膨胀不均,会使胀口渗漏,角焊缝处出现裂纹,或者引起板边处起榴等缺陷。

(3)锅炉启动和升压过程中应注意事项

①燃用重油锅炉,点火前应先开动重油加热器,待油温、油压符合要求才能点火。

②燃油、燃气锅炉点火前均用空气吹扫,空气吹扫时间根据炉膛容积、风机通风量决定,但不低于规程的规定。其目的是吹掉炉膛中可燃气体,防止炉膛爆炸。

③启动过程中,为了使锅炉受热均匀,可采用间断放水的方法,从锅炉底部放出水。并相应补充给水。这样,可以使锅炉本体各部分达到均匀的温度。

(4)升压

随着压力的上升,操作人员应在不同压力时做好下述工作。

①随着水温度逐渐升高,当空气阀冒出雾汽或出现压力表指针向升压方向移动时,关闭空气阀。

②当压力升到0.05~0.1 MPa时,应冲洗水表。冲洗水位表顺序为:

a. 开启放水旋塞;

b. 关闭水旋塞;

c. 开用水旋塞;

d. 关闭汽旋塞;

e. 开启汽旋塞;

f. 关闭放水旋塞。

如果水位迅速上升,并有轻微波动,表明水位正常;如果水位上升很缓慢,表明水位表有堵塞现象,应重新冲洗检查。

③当压力升到0.1~0.15 MPa时,冲洗压力表存水弯管。

④当压力升到0.2~0.3 MPa时,检查各连接处有无渗漏现象,对松动过的螺丝再拧紧一次。

⑤当压力升到0.2~0.3 MPa时进行一次排污,以均衡各部分炉水温度。排污前应进水

至高水位，排污时要注意观察水位，排污后要关严排行阀，并检查有无漏水现象。

⑥当压力升到工作压力的 2/3 时，进行暖管，以防止送汽时产生水击现象。

4. 暖管

为使蒸汽管道、阀门、法兰等都受到均匀缓慢的加热并放去管内的凝结水，以防止管道内产生水击而发生渗漏等，需要暖管。

暖管需要的时间根据蒸汽温度、季节气温、管道长度、直径等情况而定。暖管操作步骤如下：

(1) 开启管道上的疏水阀，排除全部凝结水。

(2) 缓慢开启主汽阀或主汽阀的旁通阀半圈，待管道充分预热后再全开。如管道发生震动或水击，应立即关闭主汽阀，加强疏水，待震动消除后，再慢慢开启主汽阀，继续进行暖管。

(3) 慢慢开启分汽缸进汽阀，使管道汽压与分汽缸汽压相等，同时注意排除凝结水。

(4) 关闭所有疏水阀，全开主汽阀。各汽阀全开启，应回转半圈，防止汽阀因受热膨胀而卡住。

(5) 有旁通管道的，应关闭旁通阀。

5. 并炉供汽

单台锅炉运行，当汽压升到工作压力时，就可直接进行供汽。

两台以上锅炉并列运行，新投入运行的锅炉向蒸汽母管供汽的过程叫并炉。并炉的条件和操作步骤如下：

(1) 当锅炉汽压低于运行系统的汽压 0.05 ~ 0.1 MPa 时，即可开始并炉。

(2) 开启蒸汽母管和主汽管上的疏水阀门，排出凝结水。

(3) 缓慢开启主汽阀，待听不到汽流声时，再逐渐开大主汽阀，然后关闭旁通阀疏水阀。

7.6.2　正常运行的安全管理

锅炉在正常运行时，应使安全附件灵敏可靠，汽压和水位应保持稳定，以保证蒸汽质量和锅炉安全经济运行。

1. 保持汽压和水位的稳定

正常操作中，只要掌握好燃烧和进水的操作技能，并掌握好用汽规律或与用汽部门建立好联系，就能使汽压和水位保持稳定，防止事故发生。同时应做到节约燃料，提高效率。

(1) 燃烧调整

正常燃烧时，炉膛中火焰稳定，呈白橙色，一般有轻微隆隆声。如果火焰狭窄无力或有异常声响，均表示燃烧有问题，应及时调整油（汽）量和风量。若经过调整仍无好转，则应熄火查明原因，采取措施消除故障后重新点火。

①燃油量的调整

简单机械雾化燃烧器，可采用改变炉前油压的方法进行调节，增大压力即可达到增加喷油量的目的，也可以更换不同孔径的油嘴来增减喷油量。现在的燃烧器往往采用两个喷油嘴，低负荷时只用一个油嘴，高负荷时两只油嘴同时喷油，以适应负荷的变化。

回油式机械雾化的燃烧器是采用调节回油阀的开度来控制回油量适应负荷变化的，回流量越大，喷油量越小，相反，回流量越小，则喷油量越大。

在正常运行中，不能随意急剧改变燃油量。因为燃油量过大，燃烧不完全会导致排烟温度升高，严重时烟囱冒黑烟。相反，燃油量过小，使锅炉出力不足。只有合适的燃油量才能保证锅炉出力，适应负荷变化，仍在最佳热效率下运行。

②送风量的调整

在燃烧过程中，油雾必须与空气良好混合才能燃烧完全，所以实际透风量都稍大于理论计算送风量。但风量太大会降低燃烧室温度，不利燃烧，并且增大了烟气量和排烟热损失。如果风量不足，则导致燃烧室缺氧，会造成燃烧不完全，尾部受热面积炭。

在实际应用中，通常是用二氧化碳分析仪或氧量分析仪来测定烟气中二氧化碳或氧含量来调整送风量的。一般用调节风门的开启度来改变送风量，但解决不了问题时，则应考虑风机风量、风压是否足够。

③火焰的调整

a. 火焰分析

燃油时对各种火焰的观察和分析，见表 7.1。

表 7.1 燃油火焰分析

油嘴着火情况	原因分析	处理和调整
火焰呈白橙色、光亮、清晰	1. 油嘴良好、位置适当 2. 油风配合良好 3. 调风器正常、燃烧强烈	燃烧良好
火焰暗红	1. 雾化片质量不好或孔径过大 2. 油嘴位置不当 3. 风量不足 4. 油温太低 5. 油压太低或太高	1. 更换调整雾化片 2. 调整油嘴位置 3. 增加风量 4. 提高油量 5. 调整油压

表7.1(续)

油嘴着火情况	原因分析	处理和调整
火焰紊乱	1. 风油配合不良 2. 油嘴角度及位置不当	1. 调整风压 2. 调整油嘴角度及位置不当
着火不稳定	1. 油嘴与调风器位置配合不良 2. 嘴质量不好 3. 油中含水过多 4. 油质、油压波动	1. 调整油嘴与调风器位置 2. 更换油嘴 3. 疏水 4. 提高油质、油压
火焰中放蓝色火花	1. 调风器位置不当 2. 油嘴周围结焦 3. 油嘴孔径过大或接缝处漏油	1. 调整调风器位置 2. 清焦 3. 检查、更换油嘴
火焰中有火星和黑烟	1. 油嘴与调风器位置不当 2. 油嘴周围结焦 3. 风量不足 4. 炉膛温度太低	1. 调整油嘴与调风器相对位置 2. 清焦 3. 增加风量 4. 不应长时间低负荷运行
火焰中有黑丝条	1. 油嘴质量不好、局部堵塞或雾化片未压紧 2. 风量不足	1. 清洗、更换油嘴 2. 增加风量

b. 着火点的调整

油雾着火点应靠近喷嘴,但不应有回火现象。着火早有利于油雾完全燃烧和稳定,但着火过早,火焰离喷嘴太近,容易烧坏油嘴和炉墙。

炉膛温度,油的品种和雾化质量,以及风量、风速和油温等都影响着火点的远近。若要调整着火点,应事先查明原因,然后采取措施。当锅炉负荷不变,且油压、油温稳定时,着火点主要由风速和配风情况而定。例如推入稳火焰器,降低喷嘴空气速度会使着火点靠前,反之,会使着火点延后。当油压、油温过低或雾化片孔径太大时,油雾化不良,也会延迟着火。

(2)烟管清灰

燃油锅炉在运行过程中,在管壁上会粘附油垢或烟灰。油垢和烟灰还能吸收空气中的水分而形成酸性物质,对金属造成腐蚀。锅炉出口的排烟温度可作为运行锅炉定期清灰的指标,因为油垢或烟灰会引起排烟温度升高。烟管清灰应在停炉后进行。打开前后炉门,在前端或后端出烟管。此外,烟室及烟囱亦应定期清灰。清灰结束后注意要把炉门、烟箱门关闭严密,以免造成漏风或烟气短路影响燃烧。

(3)排污

锅炉在运行中,由于水分不断蒸发,炉水中的杂质逐渐变浓,会引起受热面上生成水垢或泡沫形成汽水共腾等事故,所以应将炉内沉渣排走,降低锅水碱度和含盐量。

排污分定期排污和表面排污两种,表面排污(即连续排污)主要是排除炉水表面悬浮泡沫,降低炉水含盐和含碱量,防止发生汽水共腾现象,保证蒸汽品质。排污量取决于炉水钠化验结果,而后通过调节排污管上针形阀的开度来实现。

定期排污主要排出积聚在锅筒和下集箱底部的沉渣和污垢。定期排污装置是在锅筒和下集箱底部的排污管上串联安装两只排污阀,靠近锅炉和集箱的一只为慢开阀,另一个为快开阀。排污时应先开启慢开阀,后开快开阀。排污结束后,应先关闭快开阀再关慢开阀。

排污注意事项:

①排污前先将炉水调至高于正常水位,排污时要严格监视水位,防止排污造成锅炉缺水。排污后约间隔一段时间后,用手摸排污阀后的排污管道,检验排污阀是否渗漏,如感觉热,表明排污阀渗漏,应查明原因后加以消除。

②本着“勤排、少排、均匀排”的原则,每班至少排污一次。对所有排污管须轮流进行排污,防止炉水品质恶化和排污管堵塞,甚至引起水循环破坏和爆管事故。

③排污要在低负荷时进行。此时水渣易沉淀,排污效果好。

④排污操作开关重复数次,依靠反冲击力使渣垢搅拌起来,然后集中排出。这样排污效果较好,又可避免造成局部水循环故障。

(4)燃油系统,燃烧器等

①防水　燃油含有水分,使着火不稳定,严重时导致“断火”。所以燃油从运输到储存都应防水。油罐、日用油箱底部都应有疏水装置,燃烧时发现着火不稳定时就应疏水。

②防静电　燃油很容易受摩擦产生静电。油料在管道输送或卸油时,能产生 200 V 以上静电压,在静电压的作用下,油层被击穿,导致放电产生火花,可将油蒸气引燃,进而引发燃烧和爆炸。因此整个油系统内部都要及时将静电排走,油系统内所有管道、油罐、设备、容器及卸油站等都要有接地导线,其电阻一般在 5 Ω 以下,而且每年校验一次。

③过滤器,加热器　燃油系统的各种过滤器须定期清洗。轻油过滤器应每月清洗一遍,使用适当的溶剂及压缩空气来清洗。重油过滤器应视油品质量定期清洗容器及过滤柱,过滤柱宜用溶液整个浸泡清洗,不要拆散。

燃油加热器应定期拆开,用药剂或工具去除容器内壁及加热管上的积碳层或油垢。并应经常注意加热管的出汽口或蒸汽疏水管,如有油渍出现,证明加热器内的加热管已经穿漏,应立即处理。

④燃烧器　通常情况下,燃烧器以下部位应每月清洗一次。

点火棒:用干净软布轻轻擦去灰污。

指示灯:用柔软洁净布擦去光电管受光处的灰污。

喷嘴:拆开喷嘴,用煤油清洗过滤网上的油污。

滤油器:拆开滤油器,用煤油清洗。

稳焰器:用干净软布轻轻擦去灰污。

油泵过滤器:取出过滤器,用煤油清洗。

注意:

a. 拆卸喷嘴时,要用两把扳手,一把卡住喷嘴使之固定,一把卡住喷嘴左旋拆下。要用力平衡,防止用力过猛损坏燃烧器。

b. 当点火棒积碳时,绝缘变差,造成点火困难,此时应拆下点火棒清洗。装配点火棒时,压紧螺丝要用力合适,以免损坏绝缘瓷套,并要注意原来的装配位置与尺寸,否则无法点火。

2. 保持安全附件灵敏可靠

锅炉上压力表、安全阀、水位表及相应控制装置要经常检查、冲洗和定期校验,以保证其灵敏、可靠、准确。

(1)压力表,压力控制装置

①定期冲洗压力表存水弯管,防止堵塞。冲洗时操作人员不能面对出气孔,以免烫伤,冲洗后,不要立即打开旋塞,避免蒸汽直接进入表内弹簧管导致压力表损坏甚至失灵。

②应定期校核压力表指示是否准确,当指示压力值超过精度时,应查明原因。

③要经常检查、观察存水弯管上的旋塞是不是在压力表工作位置上。

④压力控制器接管的疏通要在停炉、停电无蒸汽压力且常温时进行。疏通时可旋开压力控制器连接螺母,用细铁丝疏通,一般视水质情况一至两个月一次。当使用中发现压力控制与原来设定值有变化或失灵时,分清是电气控制问题还是压力调整、压力控制开关处漏汽或汽管受阻问题,应认真修复调整。

(2)安全阀

①为了防止安全阀芯和阀座粘住,应定期做手动排汽试验,操作时要轻抬轻放。

②要注意检查安全阀的铅封是否完好。

(3)水位表、水位控制装置

①水位表每班至少冲洗一次,汽水旋塞必须在全开位置上。

②对水位传感器装置要做到每班一次排污,同时定期检查自动进水及低水报警和连锁是否正常。

当发现水位控制失灵时,应充分认清是电控箱内故障还是控制装置故障,一般控制装置故障有:

①浮球进水下沉或滑动部分有毛刺使之不随水位上升而变动,从而引起自动进水到上限水位时仍不停泵或手动时高水位不报警。

②控制器内部有杂物,长期不排污,造成污物顶住浮球,使之不随水位下降而变动引起缺

水不进水,不报警不停炉。

③水银开关或磁性开关不灵敏造成误动作,应仔细调节或更换。

④修理调整球式控制器内部要在停炉无压时进行,并注意内部小磁钢的极性,不能装反(有一个定位槽),否则水位无法调整。对于电极式传感器一般因控制器漏气,电极绝缘体上有导电造成绝缘电阻下降引起误动作,一经发现,要及时安排停炉检修,保证安全运行。

3. 水质处理要符合《低压锅炉水质》标准

搞好水处理工作,使之达到《低压锅炉水质》标准,是保证锅炉出力、节约能源、防止事故的重要措施。特别是燃油锅炉,受热面的热负荷高于一般燃煤锅炉,如果水处理搞不好,比燃煤锅炉更容易损坏,为此必须做到:

(1)根据水质情况按本书所述的水处理原则处理。

(2)定期进行给水炉水化验并作记录。

(3)保证水处理设备的正常运行。

(4)根据炉水化验情况定期进行排污工作,必要时采用炉内加药作补充处理。

7.6.3 停炉保养

工业锅炉常用的停炉保养方法有干法保养、湿法保养和压力保养三种。

1. 干法保养

适用于长期停用的锅炉,其方法如下:

(1)锅炉停止使用后,将其内部水垢及铁锈和外部烟灰清理干净,用微火将锅炉烘干。

(2)将盛有干燥剂的无盖盆子放置于停用锅炉的锅筒和炉胆内,并将汽水系统和烟火系统与外界严密隔绝,封闭人孔手孔。

(3)干燥剂一般使用无水氧化钙或生石灰,其需用量可根据锅炉容量进行计算。如用块状无水氧化钙,为1~2 kg/m^3;如用生石灰,则为2~3 kg/m^3。

(4)为了保证干法保养的效果,应定期打开人孔进行检查,如发现干燥剂已成粉状,失去吸湿能力,则应更换新的干燥剂。

2. 湿法保养

适用于停炉时间不超过三个月的锅炉。其方法如下:

(1)停炉后,首先将锅炉受热面内外污垢、烟灰清除干净,截堵与外界相连接的管路。

(2)将锅炉内灌满软化水。如无软化水,可灌入生水,但每吨进水中应加入2 kg氢氧化钠或5 kg磷酸三钠,或10 kg碳酸钠。药品要溶化为液体流入。

(3)当软化水或加药后的生水灌满后,应加热至105 ℃,以排除水中的气体。然后,将锅炉所有门孔关闭,且不得有任何渗漏。

(4)保养期间,应使软化水或碱性生水保持充满状态,防止空气漏入。

3. 压力保养法

压力保养一般适用于停炉期不超过一周的锅炉。利用锅炉中的余压(0.05 ~0.1 MPa),保持炉水温度稍高于100 ℃,既能使炉水中不含氧气,又可阻止空气进入锅筒。为了保持炉水温度,可以定期在炉膛内生微火,也可以定期利用相邻的锅炉蒸汽加热。

7.7 制冷机组操作运行

制冷装置的正确操作、检修是设备长时间正常运转以满足使用要求的保证。这对延长使用寿命,减少检修费用,提高设备使用经济效果也有重要意义。

制冷装置是具有一定压力的密闭循环系统,制冷压缩机又是高速运转机械,保证系统的气密、保证压缩机摩擦面良好的润滑和配合,是保证制冷装置安全运转的关键。

制冷装置的泄漏和堵塞是运转中较常见的故障。防止制冷装置泄漏,避免水分、空气、污垢等进入系统,而在发生上述故障后又能顺利地予以排除,则是制冷装置操作和维修工作的基本技术。

7.7.1 制冷装置的操作技术

在操作过程中,制冷装置应能做到安全启动、运转与停车,并使制冷循环在稳定工况下正常进行。

1. 制冷装置的启动

具有自动化系统的制冷装置一般是自动地启动、运转、调节与停车。拆装修复或较长时间停车而要再行使用时,则需人工启动。

(1)启动前的准备

①压缩机内的润滑油达到所要求的油位,油面线在示油镜中间位置或偏上。

②贮液器内制冷剂液位正常,一般液面在示液镜1/3 ~2/3处。

③开启压缩机排气阀及高、低压系统有关阀门,但压缩机吸入阀和贮液器出液阀可暂不开启。

④检查装置周围及运转部件附近有无妨碍运转的因素或障碍物。新安装或检修复装后首次启动的压缩机启动前应先手动盘车试转。

⑤对具有手动卸载-能量调节装置的压缩机应将能量调节阀的控制手柄放在最小容量位置。

⑥接通电源,检查电源电压。

⑦开启冷却水泵(冷凝器冷却水、气缸冷却水、润滑油冷却水等);直接收风冷却系统,开启风机;间接冷却系统,开启盐水循环泵。

⑧调整压缩机高、低压控制器及各温度控制器的给定值,使其指示值在所要求范围之内。此压力应根据采用的制冷剂、运转工况和冷却方式而定,一般 R12 高压为 1.3 ~ 1.5 MPa;R22,R717 高压为 1.5 ~ 1.7 MPa。装置所有安全控制设备,应确认状态良好(安全控制压力一般为 1.7 ± 0.05 MPa)。

⑨检查制冷系统所有管系,保证气密无泄漏,冷却水系统不允许有严重漏水现象。

(2)启动

启动准备工作完毕后,瞬时启动压缩机并立即停车,观察压缩机、电机启动状态和转向,再反复启动 2 ~ 3 次确认启动正常,则正式启动转入运转。

正式启动后逐渐开启压缩机吸入阀,并注意防止"液击"。开启储液器出液阀,开始向系统供液,若制冷装置有卸载-能量调节机构,应逐步将其调节到所要求的容量。在启动时间内应观察:机器运转、振动情况,系统高、低压及油压是否正确。应检查电磁阀、能量调节阀、膨胀阀及回油阀的工作等。这些启动后的全面检查直到确认制冷工况稳定,运转正常时为止。

2. 制冷装置的运转与调试

通常对自动化程度比较高的制冷装置,正式启动后即可转入自动运转。然而,即使操作人员也应就以下几个方面作定期巡视检查。

(1)运转中压缩机不应有异常的激热、撞击和振动

正常运转中,压缩机及系统各连接处不应有油渍。对小型开启式压缩机,允许轴封处有极少量渗油现象,以保证摩擦面的润滑、密封。而对大型压缩机则不允许有超过 10 滴/小时的漏油现象发生。

(2)运转中压缩机的排出压力和温度

压缩机吸、排气压力是判断系统工作正常与否的重要依据,所以通常就把压缩机的排气压力当作它的冷凝压力。制冷剂在冷凝过程中,其冷凝压力与其冷凝温度是相互对应的。正常情况,压缩机排出压力主要取决于冷凝器进水温度(或进风温度)和进水量(或进风量)。进水温度愈高,流量愈小,压缩机排气压力愈高。反之,排气压力愈低。

如果冷凝压力过高,则不但降低制冷装置的能量和运行经济性,而且会造成压缩机不正常的自动停车,严重时将导致压缩机各运动部件的非正常磨损、纸垫打穿、气缸或制冷系统等其他设备爆裂。反之,如果冷凝压力过低,则会使冷却水耗用量、水泵功率增加,并将造成通

过膨胀阀的制冷剂流量减少,同样影响装置正常制冷。一般情况下,R22 制冷系统的冷凝压力(表压)应不低于 0.7 MPa。

冷库制冷装置多数为水冷冷凝器,考虑水的温度变化(夏季最高在 28 ~ 38 ℃之间),其冷凝温度多在 25 ~ 35 ℃范围,故其压缩机的排气压力一般数值是:R12 为 0.7 ~ 0.9 MPa,最高不超过 1.3 MPa。对风冷冷凝器,随冷凝温度的提高其冷凝压力也允许相应提高一定数值,但冷凝温度(对 R12)一般不应超过 40 ℃,最高排气压力不应超过1.5 MPa。

压缩机排气压力过高,除了影响制冷系统的制冷效果外,还必然造成压缩机排气温度升高,而排气温度过高又将融化压缩机的润滑,影响运转安全。为满足压缩机排气温度、压力的要求,还应定期检测冷却水系统水的进、出口温度。

(3)压缩机的吸入压力与温度

对单机单库的制冷装置,通常近似地把压缩机的吸入压力看作蒸发器中制冷剂的蒸发压力,与此压力相应的饱和温度即为蒸发温度。例如当 R12 压缩机吸入表压力为 0.026 MPa 时,为方便查工质性质表,可近似地认为制冷剂的蒸发压力为 0.196 MPa,故从 R22 热力性质表中知道,其蒸发温度约为 -25 ℃。在直接冷却系统中,通常要求蒸发温度比冷藏库保持温度低 5 ~ 10 ℃,那么在 -25 ℃蒸发温度下,能满足冷库温度保持 -20 ~ -15 ℃的要求。在间接冷却制冷系统中,若氨压缩机吸入表压力为 0.020 MPa,相应蒸发温度约为 -30 ℃,再考虑盐水温度与蒸发温度保持 4 ~ 5 ℃的温差,盐水和冷库保持 5 ~ 10 ℃的温差。这时,同样可满足冷库保持 -20 ~ -10 ℃的温度要求。在制冷装置运转过程中,掌握压缩机的吸入压力,则是控制蒸发温度的重要方法。

前面已经讨论过制冷循环与蒸发温度的关系。较低的蒸发温度对保持冷库的低温有利。但蒸发温度过低,实际上既无必要,又会使装置制冷量积运行经济性下降。蒸发温度过高,则又不利于冷库的降温。因此制冷系统在保持冷库一定温度要求下应选择适当的蒸发温度。为此,在装置运转过程中,操作管理人员应力求保持压缩机一定的吸入压力(对单机单库)。若系统为多机多库或单机多库,应保持各库有一定的蒸发压力。此外为保证压缩机的"干压",防止制冷剂过热太大,通常要求制冷剂有 3 ~ 7 ℃的过热度。

(4)压缩机的润滑

润滑是压缩机正常运转的基本条件,目前高速多缸压缩机均采用压力强制润滑,为满足压缩机润滑的要求,润滑油压保持在 0.1 MPa,最低不小于 0.075 MPa。

面对没有卸载 - 能量调节装置之压缩机,其润滑油压力应保持 0.15 ~ 0.3 MPa,但最高不超过 0.35 MPa。此外,在装置运转过程中还应注意压缩机曲轴箱内润滑油油位的变化以及分油器自动回油情况。曲轴箱内的油温,在运转条件下,开启式压缩机不超过 70 ℃,封闭式压缩机不超过 80 ℃。

(5)装置运转中,应经常检查自控设备工作是否正常,所有电气自动切换及压力、温度控制器、电磁阀等自控件的动作应准确灵敏,电触点不应有火花或其他不正常现象。

(6)装置运转过程中,还须经常检查各冷库降温、保温情况。若低温冷库蒸发盘管结霜过厚,必须进行融霜。

3. 制冷装置的停车

制冷装置临时停用或停用时间不长(不超过一星期),则只要在停车前关闭贮液器(或冷凝器)出液阀,使低压表压力接近0 MPa(或稍高于大气压力)时,停止压缩机运转,关闭压缩机的吸、排气阀和冷凝器出液阀,并停止通向冷凝器的冷却水,切断电源即可。

装置停用时间较长时,应将系统中的制冷剂全部送入贮液器(或冷凝器)中。为此,首先关闭贮液器(或冷凝器)的出液阀,让压缩机把系统中的制冷剂全部吸出(此时,应将低压控制器触点常闭),待压缩机吸入表压力接近0 MPa时,即使压缩机停车。

若压缩机停车后,吸入压力迅速上升,则说明系统中还有较多的制冷剂,应再次启动压缩机,继续抽吸。若停车后吸入压力缓缓上升,可待表压力升至0 MPa时,即关闭压缩机吸、排气阀,贮液器(或冷凝器)进出口及高、低压力表阀。如果压缩机停车后,吸入表压力在0 MPa以下不回升则可稍开分油器手动回油阀,从高压端放回少许制冷剂,使系统保持表压0.02 MPa左右;而后,关闭冷却水泵、冷库冷却风扇和风冷冷凝器的冷却风扇。如果是间接冷却系统则应停止盐水泵工作,关闭有关阀门;而在制冷装置长期停用或越冬时,则应将冷凝器、压缩机气缸冷却水套、滑油冷却器以及所有循环系统内的水全部排空。

7.7.2 制冷装置的检修技术

制冷装置除了发生故障应立即拆解检修外,在连续运转的条件下,通常1~1.5年时间应进行一次全面拆解检修。如果使用季节性强,则可适当延长到2~2.5年,但每6~8个月应进行一次全面检查,主要检查压缩机吸排气阀片、弹簧是否完好,清除油污结焦,清洗曲轴箱,更换润滑油,检查卸载能量调节机构的可靠性等。

1. 制冷装置的检修要点

(1)制冷装置运转中发现异常现象,应分析故障发生部位,找出原因和可疑因素,避免盲目拆解。

(2)确定故障原因和部位,必须拆解时,应先把系统中的制冷剂收入贮液器或取出存入钢瓶,然后停车切断电源进行拆解。

(3)拆解所有螺栓、螺帽应使用专用扳手,拆解轴承或其他重要零部件应使用专用工具;对一时拆不开的零部件应分析原因,避免盲目用力拆解、棒撬,致使零部件损坏。

(4)拆解应根据装置结构特点,以一定顺序、步骤进行,边拆解边检查。拆解时要注意零部件的相对位置,并做上标记,妥善存放,以免损坏、丢失或锈蚀。

(5)对拆下的所有管路、容器的管接头均应及时包扎封口。对较大的零部件(如曲轴等),在放置时,下面应放好垫木。

(6)拆解后的零部件,组装前必须彻底清洗,并不许损伤结合面,所有结合面和紧密件清洗完毕应及时干燥,并用冷冻机油油封。若存放时间较长,应涂防锈油油封。

(7)制冷装置特别是压缩机,其精密度要求高,在拆解、修理、组装过程中必须谨慎细致。

(8)对有配合公差要求的零部件,应保证在允许公差范围和规定的光洁度范围内。检修过程所有更换和复装的零部件必须技术状态良好,并保证同一型号规格零部件的互换性。

2. 制冷压缩机的检修

压缩机械要拆解检查、检修时,应先将压缩机内的制冷剂抽空,仅留 0.01 ~ 0.02 MPa 的表压力,然后关闭吸、排气阀。必要时可拆开管路与吸、排气阀的连接法兰,压缩机即脱离系统。

压缩机要定期检查,作定期检查时,压缩机不拆离系统只把压缩机抽空,然后关闭吸、排气阀。主要检查内容是:压缩机的润滑、吸排气阀、卸载 - 能量调节机构、安全控制设备及电机性能等。主要检查步骤如下。

(1)拆开压缩机气缸,检查吸、排气阀和弹簧是否完好,并清除油污结焦。

(2)拆去曲轴箱侧盖放出浓滑油,彻底清洗曲轴箱,清洗滤网,去除磁性滤网上的铁粉,更换清洁的润滑油;拆出压缩机吸入滤网并清洗干净。

(3)检查卸载 - 能量调节装置的工作可靠性:先取下假盖、排气阀组、排气阀外阀座,重新用螺栓(或压板)将缸套固定在机体上,观察缸套上部的吸气阀片顶杆伸出高度,一般高出缸套上阀线顶面 1.5 mm 为宜,不能过高或过低,更不得高低不齐;然后将能量调节阀调至最低能量位置,启动压缩机空运转,调整油压调节阀,保持润滑油压 0.2 ~ 0.25 MPa,将能量调节阀调节到最大能量位置,观察吸气阀片顶杆的伸出高度。此外,在检查卸载 - 能量调节装置时,可用手动调节机构将能量从最低位置逐级调到最高位置,观察各气缸阀片顶杆是否依次动作。如果在各手柄位置上各气缸能依次动作,而且各动作位置上的油压又一样,则说明卸载装置工作正常。至于装置自动部分的检查工作应在专门试验台上进行,也可在负荷运转时调整。

(4)如果是半封闭或全封闭式压缩机,则应检查电源三相电流、功率及其绝缘性能。

3. 制冷装置换热设备及阀件的检修

(1)冷凝器　拆下端盖,刷洗端板、端簧及冷却水管内的铁锈、水垢,然后充注氮气至表压力 1.0 MPa,或者从制冷剂进口端先注入表压 0.1 ~ 0.9 MPa 的氟利昂,再充注氮气至表压 1.0 MPa,用肥皂水或检漏灯对消板进行检漏。然后对泄漏处施行焊修,不能修复者更换或“封管”暂用。冷凝器使用 2 ~ 3 年底应用强盐酸进行化学除垢。

(2)蒸发热对所有蒸发盘管进行吹污清洁,并逐段进行检漏。对锈蚀严重处应焊修或更换,具有吹风冷却的蒸发器的散热肋片(包括盘管冷却的盘管肋片)应完整,肋片翘曲者应修复。所有回气管肋绝热包扎应良好,对裂损脱落处应修补。

(3)贮液器　进行除污及外表清洁和检漏。

(4)分油器　拆解清洗内部及浮球阀组,保证浮球阀动作灵活、关闭严密、油路畅通。洗后还应进行干燥处理。

(5)膨胀阀　拆出进液滤网清洗,检查感温包及毛细管的安装,对使用性能良好的膨胀阀,检修时可不拆解。

(6)过滤 - 干燥器　彻底清洗,更换新干燥剂。重新严密组装并进行检漏。

(7)阀类　根据具体条件,在可能的条件下,应对所有阀门填料处进行检漏。状态不良者应予修理或更换。

(8)其他　当制冷装置发生较大故障而引起机组损坏时,应对压缩机的活塞杆组、曲轴等重要零部件作严格校正或送有关部门作探伤检查(曲轴尚应作动平衡校验),确保安装质量。

7.7.3　制冷装置的运转及常见故障的原因分析与排除

制冷装置操作、管理的任务就是要使制冷机及其设备正常地运转,以发挥其作用。制冷机怎样的运转才是正常的?制冷机经常会出现那些故障?一旦这些故障出现又如何分析、判断和排除?这些都是制冷装置操作、管理的基本技术。

1. 制冷装置正常运转的标志及安全工作条件

(1)制冷装置正常运转的标志

①压缩机内无敲击声,压缩机正常运转,膨胀阀开度调节合适,活塞、连杆、活塞销及各轴承等配合适当,结合牢固。运转中只有压缩机吸、排气阀清脆的起落声,不产生敲击或其他不正常声响。

②压缩机各摩擦部位温度正常,无激热现象,压缩机各摩擦部位、轴承与轴颈接触良好,润滑时不产生超过环境温度 30 ℃或更高的激热。否则可能造成摩擦面及轴承严重磨损,合金脱落、辗堆、焙化等后果,开启式压缩机轴封无法进油现象。

③曲轴箱油面处在正常位置:一般压缩机曲轴箱正常油面应在视油镜中间位置。如果是两个油镜,则正常油面应在上油镜的中心水平线上,但最低不得低于下油镜中心水平线或见不到油位。另外,在压缩机运转过程中滑油不应起泡。

④油压正常:采用压力润滑的压缩机,要求润滑油压为 0.1 ~0.15 MPa,即最低不低于 0.75MPa,如果压缩机没有液力卸载 - 能量调节装置,则要求润滑油压在 0.15 ~0.3MPa 范围内,油压过低会造成各摩擦部件表面的干擦或卸载 - 能量调节机构动作迟缓;油压过高不但易损坏油泵轴、键及传动件,而且会使各摩擦面之间进油过多,增加摩擦阻力。同时,使更多

的滑油进入制冷系统，导致换热设备的换热效果下降，压缩机耗油量增加。此外，曲轴箱内油温应不超过 70 ℃或低于 5 ℃。油位过低或过高都将影响油泵吸油和润滑效果。

⑤压缩机无结霜现象：冷库制冷系统工作过程中，压缩机回气管路结霜应属正常现象，但当操作不良或膨胀阀调整不当时，往往会造成压缩机气缸壁和机体结霜，严重时可能造成压缩机"液击"。

⑥制冷系统各辅助设备处于正常工作状态，即压缩机吸排气缸，分油器进出口阀，冷凝器、贮液器进出口阀等均呈正确开启位置，膨胀阀开度适当，各风机及电机运转正常，水循环系统的水泵运转正常，无异常声音；水循环管路及各连接处无严重漏水现象，具有盘管冷却，冷库内的盘管均匀结满"干霜"；更重要的是制冷系统所有设备连接管件不允许有制冷剂泄漏现象。

⑦制冷系统所有压力及温度指示正确，压力表、温度表指针稳定，高、低油压控制器调整适当，在所要求的压力数值范围内能起到自动控制和安全保护作用；所有温度控制器的动作应能准确地控制冷库温度，以启动、停止压缩机或启、闭供液电磁阀。

⑧贮液器内制冷剂的液位符合要求：制冷系统正常工作时，贮液器的液位应在视液镜 1/3 ~ 2/3 位置。冷凝器出水温度稳定，进出水温差在 8 ~ 12 ℃范围为宜。

⑨制冷系统的压力和温度：制冷系统正常工作时，其冷凝压力与冷凝温度、蒸发压力与蒸发温度呈对应关系。操作、管理中必须随时掌握系统工作过程中压力、温度的变化，以保证系统在给定工况下有效地工作。蒸发压力、温度随制冷温度要求而定，但通常情况下，压缩机的吸气温度不得超过 15 ℃；冷凝压力、温度随冷却水温度及供水情况而定，一般 R12 冷凝压力的表压为 0.6 ~ 0.8 MPa，最高不超过 1.4 MPa；R22，R717 冷凝压力的表压为 0.8 ~ 1.3 MPa，最高不超过 1.9 MPa。

2. 制冷装置的安全工作条件

为了保证制冷装置在高速、高压、高温条件下安全运行，活塞式制冷压缩机规定了表 7.2 所列的安全工作条件。压力控制器给定值（参考）如下。

(1) 高压控制：比安全阀开启压力低 0.1 MPa。

(2) 低压控制器：比最低蒸发温度低 5 ℃的相对应饱和压力值（例 R12，t_0 = −25 ℃时，低压控制给定值可取与 −30 ℃相应的表压力值，即 0.124 MPa）。

(3) 油压控制器：有卸载 − 能量调节装置时，润滑油压取 0.15 ~ 0.3 MPa，无卸载 − 能量调节装置时，取 0.075 MPa。

表 7.2 活塞式制冷压缩机安全工作条件

工作条件	制冷剂		
	R12	R22	R717
蒸发温度 t_0/℃	−30 ~ 10	−40 ~ 5	−30 ~ 5
相应蒸发压力/MPa	0.102 ~ 0.431	0.107 ~ 0.60	0.121 ~ 0.525
最高冷凝温度/℃	50	40	40
最高冷凝压力/MPa	1.23	1.579	1.58
最大压缩比	10	8	8
活塞最大压力差	1.2	1.4	1.4
压缩机最高吸气温度/℃	15	15	t_0 + (5 ~ 8 ℃)
压缩机最高排气温度/℃	130	150	150
安全阀开启压力/MPa	1.4	1.4	1.5
润滑油压/MPa	0.15 ~ 0.3	0.15 ~ 0.3	0.15 ~ 0.3
最高油温/℃	≤70	≤70	≤70

7.7.4 制冷装置常见故障的原因分析及排除

为了在制冷装置操作、管理中能正确地分析故障产生的原因并迅速排除故障，可参考表 7.3 所示的制冷装置常见故障的原因分析和排除方式。

表 7.3 制冷装置常见故障原因分析及排除

故障	原因分析		排除
机组运转噪声大	压缩机、电机底脚螺丝松动		紧固
	连接管路、辅助设备固定不良		紧固
	皮带或飞轮松弛		皮带张紧，检查螺母、键等
压缩机异常声响	气缸部分	气缸余隙过小	调整余隙或适当加厚纸垫；更换零部件
		活塞销与连杆小头衬套间隙过大	更换衬套
		活塞销缺油	适当提高油压
		吸排气阀片、弹簧断裂	停车检查、取出碎片；更换阀片、弹簧

表 7.3(续)

故障	原因分析		排除
		气缸与活塞配合间隙过大或过小造成拉缸偏磨	更换零部件;调整配合间隙
		压缩机“奔油”,造成“液击”	更换刮油环;调整各气环搭口位置
		吸入液体制冷剂造成“液击”	调整工况;调整膨胀阀开度;适当调小吸入阀开度
	曲轴部分	连杆大头轴瓦与曲轴轴颈间隙过大	调整间隙;更换轴瓦;适当提高油压
		主轴颈与主轴承间隙过大	
		连杆螺栓帽松动、脱落	紧固、更换并以开口销锁紧
		飞轮、电机转子键松弛(半封闭或全封闭压缩机)	更换或紧固
		电机转子擦定子－主轴承间隙过大(半封闭或全封闭压缩机)	更换主轴承
压缩机排气压力过高	系统混入空气等不凝结气体		排除空气
	冷凝器冷却水泵未开启		开启水泵、风机
	冷凝器水量不足、水温过高		增加冷却水量;清洗水管、水阀和滤器
	风冷冷凝器风量不足、气温高		加大风量、防止气流短路循环或阻塞
	冷凝器管壁积垢太厚		清洗冷凝器
	系统内制冷剂过多		取出多余制冷剂
	排气阀未开足、排气管不畅通		开足排气阀、疏通排气管
	储液器进液阀未开启或未开足		进液阀开启、开足
	装置分油不良、系统集油过多、管道流动阻力增加、换热效果差		检查、调整分油装置;进行系统排油
压缩机排气压力过低	冷凝器水量过大、水温过低		减少水量或采用部分循环水
	冷凝器风量过大、风温过低		减少风量
	吸排气阀泄漏		研磨或更换阀片
	气缸纸垫打穿,高低压端旁通		更换纸垫
	系统内制冷剂不足		充注制冷剂

表7.3(续)

故障	原因分析	排除
	蒸发器结霜过厚,吸入压力过低	融霜,适当提高吸入压力
	卸载-能量调节失灵,正常制冷时部分气缸卸载	调整油压至0.15~0.3 MPa;检查调整卸载机构
	安全阀过早开启、高低压旁通(氨机)	调整安全阀开启压力值
	分油器回油阀失灵高低压旁通	检修或更换回油阀
压缩机排气温度过高	吸入气体的过热度太大	适当调节膨胀阀、减小过热度
	排气阀片泄漏或破损	研磨阀片、阀线;更换阀片
	气缸低垫打穿	更换纸垫
	安全阀过早开启、高低压旁通	调节安全阀开启压力值
	气缸冷却水套断水或水量不足(氨机)	调整冷却水量
压缩机吸气压力过高	蒸发器热负荷过大、t_0 过高	调整热负荷、降低 t_0;合理选择蒸发器
	吸气阀泄漏、阀片断裂	研磨阀片、阀线、更换阀片
	活塞环损坏或泄漏	检查,不良者更换
	气缸纸垫打穿	更换纸垫
	膨胀阀开度过大	调小开度
	膨胀阀感温包位置不对	放正感温包,包扎良好
	安全阀调节不当过早开启,高低压旁通	调整安全阀开启压力值
	分油器自动回油阀失灵,高低压旁通	检修或更换自动回油阀
	系统中混入空气等不凝结气体	排出空气
压缩机吸气压力过低	蒸发器热负荷过小、t_0 过低	调整热负荷、提高 t_0;合理选择蒸发器 增加传热面积
	膨胀阀开度过小 蒸发器进液量太少	调整膨胀阀开度 清洗膨胀阀进口滤网
	膨胀阀“冰塞”	系统除水
	膨胀阀感温包充剂逃逸	更换膨胀阀
	供液电磁阀未开启、液管堵	开启电磁阀、疏通供液管
	储液器出液阀未开启或未开足	开启、开足
	系统制冷剂不足	补充制冷剂

表 7.3(续)

故障	原因分析	排除
	压缩机吸入阀未开足或管堵	清洗吸气滤网及阀孔通道;全开吸入阀
	蒸发器盘管结垢过厚,集油过多,换热不良	清洗管路、冲油排液
	蒸发器结霜过厚,热负荷小	融霜
	低压系统堵塞	检查疏通、清洗
	吹风冷却风机未开启或风机倒转、风量不足	启动并使之正转,提高风量
	盐水浓度低,蒸发管外结冰过厚	适当提高盐水浓度
润滑油油压过高	油压调节阀调整不当	重新调整 - 压紧调节弹簧
	油泵输出端管路不畅、润滑油路堵塞	疏通管路、油路;更换清洁的润滑油
润滑油油压过低	油压调节阀调整不当	重新调整 - 压紧调节弹簧
	油压调节阀泄漏,弹簧失灵	更换阀芯或弹簧
	润滑油太脏、滤网堵塞或损坏	更换、清洗滤网
	油泵进油管堵塞	疏通进油管
	油泵间隙过多或失灵	更换或检修油泵
	油中含有制冷剂(油呈泡沫状)	打开油加热器、关小膨胀阀
	滑油质量低、变质、黏度过大	更换清洁、黏度适当的滑油
	轴承间隙过大、跑油	调整间隙、更换轴承滑
	油量不足	加注润滑油
	油温过低或过高	开启油加热器或冷却器
	油压表不显示——油压表阀未开、接管堵等	检查表阀和换管
	油压表不显示——油泵传动件损坏	检查油泵传动件、修复或更换
曲轴箱油温过高	压缩机各轴承、摩擦部位间隙过小	调整间隙
	压缩机排气温度过高、压比过大	调整工况、降低排气温度
	冷冻机室温度过高、滑油冷却器断水	加强通风、降温;加大滑油冷却器的水量
	分油器“直通”、高压制冷剂气体进入曲轴箱	检查自动回油阀、修复
	压缩机吸气过热度太大	调整工况

表7.3(续)

故障	原因分析	排除
压缩机耗油量过大	分油器回油停止——管堵、阀堵、回油电磁阀(或浮球阀)未开启	疏通管路、阀门、检查回油电磁阀、浮球阀
	分油器失灵——不分油、不回油、滑油进入系统	检修或更换分油器
	气缸与活塞间隙过大,刮油环刮油不良	更换活塞(或气缸);更换刮油环、活塞环;检查刮油环倒角方向(应向上)
	活塞环磨损、搭口间隙过大或搭口在一直线上	检查活塞环搭口间隙;将活塞环搭口叉开布置
	活塞环加工尺寸、精度不合要求	检查质量、尺寸
	轴封不良、漏油	研磨轴封摩擦环;更换轴封器
	管路安装不合理、系统集油	检查管路或进行排油
	卸载油缸漏油严重	拆检
曲轴润滑油呈泡沫状	液体制冷剂混入润滑油	适当关小膨胀阀;打开油加热器
	滑油中混入水分	更换滑油
卸载-能量调节装置失灵	能量调节弹簧调整不当	重新调整
	能量调节阀油活塞卡死	拆检
	调节机构卡死	拆检
	油活塞或油环漏油严重	拆检或更换
	油管或接头严重漏油	拆检
	油压过低	提高油压
	卸载油缸或进油管堵,不进油	疏通进油管
制冷系统堵塞	压缩机至冷凝器之间堵——高压迅速升高	疏通管路;全开高压排出阀;检查各阀开启度
	冷凝器至膨胀阀之间堵——低压迅速下降、抽空堵塞部位以后结霜、结露、“发冷”	疏通管路;检查各阀开启度;更换或清洗滤器
	膨胀阀至压缩机之间堵——低压迅速抽空、堵塞部位以前结霜融化、不结露、不“发冷”	清洗膨胀滤网、疏通管路;清除膨胀阀冰塞
	阀头脱落裂损使高压通路堵(高压过高)	拆修更换
	分油器回油管堵——油脏	换油
	吸气滤网堵,吸气压力下降	清洗滤网

表 7.3(续)

故障	原因分析	排除
热力膨胀阀通路不畅	进口滤网堵、节流孔污堵或冰塞	拆洗或更换过滤——干燥器
	阀针过短造成阀不开启	更换膨胀阀
	感温包内充剂逃逸	
热力膨胀阀开度过大	阀针过长造成阀开度失调	更换膨胀阀
	调节弹簧折断	更换膨胀阀
	感温包位置不正确	重新包扎
热力膨胀阀出现气流声或工作不稳定	系统制冷剂不足	补充制冷剂
	膨胀阀容量选择过大	重新选择膨胀阀
压缩机不启动	主电路电源不通、三相电断相	合闸、检查电源、修复
	控制回路切断、短路	检查原因,修复
	电机故障	检查电机,修复
	磁力启动器、接触器失灵	检查、修复或更换
	高低压控制器自动断开	调整压力、温度控制器断开压力值 检查压力、温度控制器动作性能,修复
	温度控制器自动断开	
	油压控制器自动断开	调整断开压力值;检查其动作性能,修复
	制冷连锁装置动作——(如泵或融霜系统)	检查修复
	过载继电器跳开	检查复位
压缩机启动后不久停车	启动补偿接线有误	检查线路、重装
	电机接线有误	
	油压控制器给定动作值过高	重新调整
	油泵建立不起油压,油压过低	检查油压过低或建立不起的原因
	压缩机吸、排气阀未开或未开足,高、低压控制器动作	吸、排气阀开足
	高、低压控制器调节不当	重新调节给定值
	压缩机咬缸	拆除检查

表7.3(续)

故障	原因分析		排除
压缩机运转中突然停车或启停频繁	电源被切断		检查修复
	压缩机高压超高		检查原因采取措施
	油压控制器调节不当,幅差太小		重新调节
	温度控制器调节不当,幅差太小		重新调节
	油压过低		提高油压
	压缩机高压端泄漏,停车后低压迅速回升		检查原因,消除泄漏
	压缩机咬缸,转动部分卡死		切断电源,拆除检查
	电机超负荷、线圈烧损、保险丝烧断		检查超负荷原因;更换线圈或保险丝
	电路连锁装置故障		检查修复
	其他电器故障		检查修复
压缩机停车高低压迅速平衡	排气阀片裂损或泄漏		研磨阀片、阀线、更换阀片
	气缸高低压纸垫打穿		更换纸垫
	安全旁通阀漏		拆除调整
压缩机运转不停	系统制冷量不足、制冷效果不良		补充制冷剂;调整工况
	压缩机吸、排气阀泄漏——输气量下降		检查原因,采取相应措施
	活塞环不良——严重漏气		更换活塞环或气缸套
	启动卸载电磁阀不良——过早卸载		拆除或更换
系统制冷剂泄漏	法兰及连接或焊接等处泄漏		阻漏处理
	易熔塞泄漏	易熔塞已溶	更换
		高压异常	消除高压原因
	蒸发器管路破损	低温爆裂	焊修、更换
		腐蚀爆裂	更换
	冷凝器管路破损	冬季停用结冻爆裂	焊修、防冻
		腐蚀爆裂	更换
		端板、腐蚀	局部焊修或更换

表 7.3(续)

<table>
<tr><th>故障</th><th colspan="3">原因分析</th><th>排除</th></tr>
<tr><td rowspan="5">压缩机轴封泄漏</td><td colspan="3">摩擦环过度磨损、摩擦面破损</td><td>研磨或更换</td></tr>
<tr><td colspan="3">轴封组装不良、摩擦环偏磨</td><td>重新组装、调整、研磨</td></tr>
<tr><td colspan="3">轴封弹簧过松</td><td>更换</td></tr>
<tr><td colspan="3">轴封橡胶环过紧——曲轴轴向窜动时动、静摩擦环脱离</td><td>更换橡胶环</td></tr>
<tr><td colspan="3">轴封橡胶换上的钢圈尺寸不对</td><td>更换钢圈</td></tr>
<tr><td rowspan="18">装置运转但不制冷</td><td rowspan="9">t_0 过低</td><td colspan="2">制冷剂不足</td><td>充注制冷剂</td></tr>
<tr><td colspan="2">过滤——干燥器脏堵</td><td>清洗滤网或更换干燥机</td></tr>
<tr><td colspan="2">管路集油和污垢、换热不良</td><td>排油、清洁管路</td></tr>
<tr><td colspan="2">蒸发器结霜过厚、冷风机气流受阻</td><td>融霜</td></tr>
<tr><td colspan="2">膨胀阀调节不当、性能不良</td><td>重新调节更换</td></tr>
<tr><td colspan="2">热负荷过小、冷风短路回流</td><td>改变负荷、防止冷风机短路</td></tr>
<tr><td rowspan="2">间接冷却盐水量不足</td><td>泵扬程不足;管道阻力太大</td><td>检查盐水浓度、提高泵容量</td></tr>
<tr><td>盐水浓度太大</td><td>降低盐水浓度</td></tr>
<tr><td colspan="2">膨胀阀、冷剂分配器或管路堵</td><td>疏通或更换</td></tr>
<tr><td rowspan="3">t_0 过高</td><td colspan="2">热负荷过大</td><td>调整负荷</td></tr>
<tr><td colspan="2">膨胀阀不良</td><td>调整、检修或更换</td></tr>
<tr><td colspan="2">膨胀阀温包接触不良</td><td>重新包扎</td></tr>
<tr><td colspan="3">t_k 过高——参照压缩机排气过高的原因</td><td>找出原因,采取相应措施</td></tr>
<tr><td colspan="3">t_k 过低——膨胀阀供液不足、系统工作失调</td><td>找出原因,提高冷凝压力</td></tr>
<tr><td colspan="3">冷风机减速、停转或倒转</td><td>提高额定转速,开启风机、正转</td></tr>
<tr><td colspan="3">压缩机输气量不足</td><td>若制冷剂太少,充注制冷剂、堵漏;若转速下降,提高到额定转速</td></tr>
<tr><td colspan="3">压缩机压比下降——吸排气阀不良</td><td>分解检查不良处堵漏</td></tr>
<tr><td colspan="3">卸载-能量调节机构工作不良,过早卸载</td><td>检查调整</td></tr>
</table>

附录1　GB/T 19700—2005 船用热交换器热工性能试验方法

1. 范围

本标准规定了船用冷却器、冷凝器、加热器（以下简称热交换器）的热工性能试验系统、试验环境、试验程序、试验数据处理、试验报告内容的要求。

本标准适用于各类船舶用热交换器的热工性能试验，换热元件的热工性能试验可参考使用。

2. 规范性引用文件

下列文件中的条款通过本标准的引用而成为本标准的条款。凡是注日期的引用文件，其随后所有的修改单（不包括勘误的内容）或修订版均不适用于本标准，然而，鼓励根据本标准达成协议的各方研究是否可使用这些文件的最新版本。凡是不注日期的引用文件，其最新版本适用于本标准。

GB151—19 管壳式换热器。

GB/T7028 船用柴油机空气冷却器试验方法。

GB112—1997 柴油机油。

GB/T18816 船用热交换器通用技术条件。

3. 试验系统

（1）试验系统由冷、热介质的温度调节设备，流量调节设备，温度、压力、流量测量仪器仪表，泵、管路及连接装置，计算机处理系统等组成。

（2）试验系统应具有自动控制试验介质温度和流量的功能。系统工况稳定后进行试验，进入热交换器的介质温度误差（仪表显示温度）应不大于 ±0.1 ℃。

（3）系统应有消除动压影响测量压力损失的装置。

（4）系统应能满足试验所需流量的要求，以确保试验工况的稳定。

（5）所有的测量仪表（压力表、压差表、温度计、流量计等）均应经有关计量部门检验合格且在有效期内。

（6）温度、压力、流量测量仪表的精度应符合附表 1.1 要求。

附表1.1 温度、压力、流量测量仪表精度

项目	温度			压力			流量		
精度/%	油、水	蒸汽	空气	油、水	蒸汽	空气	油、水	蒸汽	空气
	±0.1	±0.05	±0.025	±0.25	±0.25	±0.1	±0.25		

(7)试验介质选择:

冷却器采用GB11122中CC级黏度等级为40的柴油机油作为油冷却器的统一试验介质,水冷却器的试验介质为自来水,气体冷却器的试验介质为空气。试验冷却介质均为自来水。

油加热器采用GB11122中CC级勃度等级为10的柴油机油作为油加热器的统一试验介质,水加热器的试验介质为自来水,试验加热介质均为蒸汽。

冷凝器采用水蒸气作为冷凝器的统一试验介质,试验冷却介质均为自来水。

4. 试验环境

试验室内的相对湿度应小于85%。

5. 试验项目

测试换热量,其内容可参照表A.1、表A.3、表A.5所列项目。

计算总传热系数,并应填入表A.1、表A.2、表A.3的相应栏目中。

测试压力损失,其内容应包括表A.2、表A.4所列项目。

6. 试验程序

(1)冷却器

①冷却器在试验台上的安装应与产品设计时的安装形式相一致,同时保证测试方便和便于观察。

②温度测量仪表的安装应保证测量点位于测管中心。

③油温、水温采样应在冷却器油、水进出口外100 mm处,此处的直管段长度应不小于30 mm。

④油压、水压采样应在温度采样处以外,且相距不小于100 mm。

⑤流量的采样应在温度、压力采样点前方(介质先流经流量计)且相距不小于30 mm。

⑥当系统工况稳定后,每隔15 min测量1次油和水的温度、压差和流量。测量次数为4次。

⑦在每一个测定工况下,测试结果热平衡的相对误差均应在±5%范围内,否则测试结果

无效。

⑧空气冷却器的热工性能试验按 GB/T7028 要求进行。

(2)加热器

①加热器在试验台上的安装应与产品设计时的安装形式相一致,同时保证测试方便和便于观察。

②温度测量仪表的安装应保证测量点位于测管中心。

③蒸汽温度采样应在蒸汽进口外 200 mm 处,凝水温度采样应在凝水出口外 20 mm 处,此处的直管段长度应不小于 50 mm。加热器油、水温的采样应在加热器油、水进出口外10 mm 处,此处的直管段长度应不小于 30 mm。

④蒸汽压力和油、水压力采样应在温度采样处以外,且相距不小于 100 mm。

⑤流量的采样应在温度、压力采样点前方(介质先流经流量计)且相距不小于 30 mm。

⑥当系统工况稳定后,每隔 15 min 测量 1 次凝水,排气和油、水的温度,压差和流量。测量次数为 4 次。

⑦在每一个测定工况下,测试结果热平衡的相对误差均应在 ±5% 范围内,否则测试结果无效。

(3) 冷凝器

①冷凝器在试验台上的安装应与产品设计时的安装形式相一致,同时保证测试方便和便于观察。

②温度测量仪表的安装应保证测量点位于测管中心。

③蒸汽温度采样应在蒸汽进口外 20 mm 处,凝水温度采样应在凝水出口外 20 mm 处,此处的直管段长度应不小于 50 mm。冷却水温的采样应在冷凝器冷却水进出口外 10 mm 处,此处的直管段长度应不小于 30 mm。

④蒸汽压力、水压力采样应在温度采样处以外,且相距不小于 100 mm。

⑤流量的采样应在温度、压力采样点前方(介质先流经流量计)且相距不小于 300 mm。

⑥当系统工况稳定后,每隔 15 min 测量 1 次凝水、排气和水的温度、压差和流量。测量次数为 4 次。

⑦在每一个测定工况下,测试结果热平衡的相对误差均应在 ±5% 范围内,否则测试结果无效。

7. 数据处理

(1)换热量的计算

①冷却器、加热器换热量按公式(F-1)计算:

$$Q = G\Delta TC \tag{F-1}$$

式中 Q——冷却器、加热器换热量的数值,W;

G——试验介质流量的数值,kg/h;

ΔT——试验介质进出口温差的数值, ℃;

C——试验介质定性温度下的比热数值,W · h/(kg · C)。

②冷凝器换热量按公式(F－2)计算:

$$Q = G\Delta H \tag{F－2}$$

式中 Q——冷凝器换热量的数值,W;

G——蒸汽流量的数值,kg/h;

ΔH——蒸汽进出口焓值差的数值,W · h/kg。

③测试报告结果取4次测量计算结果的算术平均值。

(2)总传热系数的计算

①热交换器的总传热系数按公式(F－3)计算:

$$K = Q/(A\Delta T_m\psi) \tag{F－3}$$

式中 K——总传热系数的数值,W/(m^2 · ℃);

Q——换热量的数值,W;

A——换热面积的数值,m^2;

ΔT_m——对数平均温差的数值, ℃;

ψ——温度修正系数。

②换热面积按GB/T18816的要求计算。

③温度修正系数按GB151—1999附录F的要求查表或计算。

(3)压力损失的计算

①使用U型管压差计测量压力损失时,压力损失值按公式(F－4)计算;使用其他型式压差计测量压力损失时,应按其使用说明进行换算。

$$\Delta P = 10^9\rho g\Delta H \tag{F－4}$$

式中 ΔP——试验介质压力损失的值,MPa;

ρ——U形压差计内介质的密度值,kg/m^3;

g——重力加速度的值,m/s;

ΔH——U形压差计液面高度差的值,mm。

(4)热平衡计算

①冷却器的热平衡百分数按公式(F－5)计算。

$$q = (Q_c - Q_h)/Q_c \times 100\% \tag{F－5}$$

式中 q——热平衡的百分比数值,%;

Q_c——冷却水吸热量的数值,W;

Q_h——试验介质(油、空气或水)放热量的值,W;

②加热器的热平衡按公式(F－6)计算

$$q = (Q_c - Q_h)/Q_h \times 100\% \quad (F-6)$$

式中 q——热平衡的百分比数值,%;

Q_c——试验介质(油、空气或水)吸热量的值,W;

Q_h——加热介质(蒸汽和冷凝水)放热量的数值,单位为瓦(W),

③冷凝器的热平衡计算按公式(F－7)计算

$$q = (Q_c - Q_h)/Q_c \times 100 \quad (F-7)$$

式中 q——热平衡的百分比数值,%;

Q_c——冷却水吸热量的数值,W;

Q_h——蒸汽放热量的值,W。

8. 试验报告

(1)试验报告应包括下列内容:

①试验项目;

②试验产品总图;

③试验产品设计技术参数(热性能参数应齐全);

④试验流程图;

⑤测量仪表名称、型号、精度及数量;

⑥试验记录表;

⑦试验结果与结论;

⑧试验误差分析(热平衡计算与分析);

⑨试验日期及试验人、数据整理人和试验负责人名单。

(2)试验记录表可参照表 A.1 填写。

(3)空气冷却器的试验记录按 GB/T7028 要求填写。

热交换器热工性能试验记录表的格式见表 A.1～A.5。

表 A.1 冷却器热工性能试验记录表格式

试验日期：　　年　　月　　日　　记录人：

序号	试验介质侧						冷却介质侧						换热温差				总传热系数（W/m²·℃）
	流量	流速	进口温度/℃	出口温度℃	进出口温差/℃	换热量/kW	流量/（m³/h）	流速/（m/s）	进口温度/℃	出口温度/℃	进出口温差/℃	换热量/kW	最小换热温差/℃	最大换热温差/℃	平均对数温差/℃	修正系数	
1																	
2																	
3																	
4																	
5																	
6																	
7																	
8																	
9																	
10																	
结果与结论																	

负责人：　　试验人：　　数据整理人：　　记录起始时间：

表 A.2　冷却器热工性能(压力损失)试验记录表格式

试验日期：　年　月　日　　　　记录人：

序号	试验介质侧				冷却介质侧			
	流量 /(m^3/h)	流速 /(m/s)	压差计读数 /MPa	压力损失 /MPa	流量 /(m^3/h)	流速 /(m/s)	压差计读数 /MPa	压力损失 /MPa
1								
2								
3								
4								
5								
6								
结果与结论								

负责人：　试验人：　数据整理人：　记录起始时间：

表 A.3　加热器热工性能试验记录表格式

试验日期：　年　月　日　　　　记录人：

序号	试验介质侧						冷却介质侧						换热温差				总传热系数 (W/m^2·℃)
	流量	流速	进口温度 /℃	出口温度 ℃	进出口温差 / ℃	换热量 /kW	流量 /(m^3/h)	流速 /(m/s)	进口温度 /℃	出口温度 /℃	进出口温差 /℃	换热量 /kW	最小换热温差 /℃	最大换热温差 /℃	平均对数温差 /℃	修正系数	
1																	
2																	
3																	
4																	
5																	
6																	
结果与结论																	

负责人：　试验人：　数据整理人：　记录起始时间：

表 A.4　加热器热工性能(压力损失)试验记录表格式

试验日期：　　年　月　日　　　　　　　　　　　　　　记录人：

序号	试验介质侧				冷却介质侧			
	流量/(m^3/h)	流速/(m/s)	压差计读数/MPa	压力损失/MPa	流量/(m^3/h)	流速/(m/s)	压差计读数/MPa	压力损失/MPa
1								
2								
3								
4								
5								
6								
结果与结论								

负责人：　　试验人：　　数据整理人：　　记录起始时间：

表 A.5　冷凝器热工性能试验记录表格式

试验日期：　　年　月　日　　　　　　　　　　　　　　记录人：

序号	试验介质侧						冷却介质侧						换热温差				总传热系数(W/m^2·℃)
	流量	流速	进口温度/℃	出口温度℃	进出口温差/℃	换热量/kW	流量/(m^3/h)	流速/(m/s)	进口温度/℃	出口温度/℃	进出口温差/℃	换热量/kW	最小换热温差/℃	最大换热温差/℃	平均对数温差/℃	修正系数	
1																	
2																	
3																	
4																	
5																	
6																	
结果与结论																	

负责人：　　试验人：　　数据整理人：　　记录起始时间：

附录 2 不同条件下的成年男子散热、散湿量

不同条件下的成年男子散热、散湿量表

劳动强度	热湿量	温度/ ℃														
		16	17	18	19	20	21	22	23	24	25	26	27	28	29	30
静坐	显热	99	93	90	87	84	81	78	74	71	67	63	58	53	48	43
	潜热	17	20	22	23	26	27	30	34	37	41	45	50	55	60	65
	散湿量	26	30	33	35	58	40	45	50	56	61	68	75	82	90	97
极轻度劳动	显热	108	105	100	97	90	85	79	75	70	65	61	57	51	45	41
	潜热	34	36	40	43	47	51	56	59	64	69	73	77	83	89	93
	散湿量	50	54	59	64	69	76	83	89	96	102	109	115	123	132	139
轻度劳动	显热	117	112	106	99	93	87	81	76	70	64	58	51	47	40	35
	潜热	71	74	79	84	90	94	100	106	112	117	123	130	135	142	147
	散湿量	105	110	118	126	134	140	150	158	167	175	184	194	203	212	220
中等劳动	显热	150	142	134	126	117	112	104	97	88	83	74	67	61	52	45
	潜热	86	94	102	110	118	123	131	138	147	152	161	168	174	183	190
	散湿量	128	141	153	165	175	184	196	207	219	227	240	250	260	273	283
重劳动	显热	192	186	180	174	169	163	157	151	145	140	134	128	122	116	110
	潜热	215	221	227	233	238	244	250	256	262	167	273	279	285	291	297
	散湿量	321	330	339	347	356	365	373	382	391	400	408	417	425	434	443

附录3　中央空调操作指南

在关机状态下将采集卡插入 USB 插槽，将连接线连接好，然后启动计算机，会提示发现新硬件，将采集卡的驱动盘放入光驱内，进行正常的驱动。然后将驱动盘里的 mp411. dll 拷到 C\windows\system32 目录下。

1. 实验台的操作

本实验台主要有两大功能：一是夏天的制冷功能，二是冬天的加热加湿功能。

在开始实验时，我们先进行加热加湿实验。原因是，如果先进行制冷实验，那么当接着再开始加热实验时，整个风道和房间内都容易有水蒸气或水珠生成，影响观察效果和实验效果。

(1)加热加湿实验

附图1　阀门标号图

首先将电源开关打开，向实验台供电，接着将锅炉加热控温表的温度调整到目标温度（比如60 ℃或70 ℃等），控温表的调整方法是，将控温表下面的小开关扳向右面，然后调节旋钮即可。调整到目标温度后，再将开关扳到左面，此时控温表显示的温度为锅炉内的实际温度。

控温表调整好后,用户首先要向锅炉内装水,装水的方法是:首先打开电锅炉上面的出水龙头,然后按照附图1中阀门的标号,关闭阀门1和2,打开阀门3和4,接着打开房间盘管电磁阀开关和表冷器电磁阀开关,然后启动连接蒸发水箱的冷水泵,此时蒸发水箱内的水会自动进入电锅炉内。观察电锅炉上面的出水龙头,直到有水冒出为止,此时停止冷水泵。然后再向上面的膨胀水箱注水,首先观察膨胀水箱的水位计,如果水位在3/4以上,可以不用注水,如果水位较低,需要注水。

注水的方法是:关闭阀门1,3和4,打开阀门2,打开房间盘管电磁阀开关和表冷器电磁阀开关,然后启动冷水泵,开始注水,此时要观察膨胀水箱上面的水位计的指示,因为膨胀水箱较小,很短的时间就可以注满水,因此要严密注视,在水溢出前要及时停止冷水泵。

注完水后,就可以进行加热实验了。关闭阀门1和4,打开阀门2和3。此时,首先启动电锅炉泵开关(如果电锅炉泵不开,电锅炉就无法加热),打开控制台上面的电锅炉开关,进行加热,开关下面是加热调节,顺时针方向调节旋钮为增大加热功率,将加热功率调整到适当值,一般为2 000~4 000 W之间,功率大时加热速度快。右面的锅炉加热控温表上面的温度会随着加热的进行而升高温度,到达设定的温度时,加热停止,此时就可以进行加热实验了。首先关闭阀门1和4,打开阀门2和3,打开房间盘管电磁阀开关和表冷器电磁阀开关,然后启动电锅炉泵开关,接着可以启动风机开关,调节下面的旋钮可以调节风量,顺时针调整风量变大。待工况稳定后就可以采集数据进行实验了。用户还可以通过开启新风、排风、回风风门或者调整风门的开度,进行不同工况下的实验。

对于前加热和后加热,用户只需直接开启前后加热开关就可以直接用电加热器加热风。

对于加湿,本实验采用蒸汽加热,用户首先开启加湿开关,调节功率,加湿器内的加热器开始烧水,等水开后,加湿器会喷出蒸气加湿空气。

实验完毕后,关闭锅炉加热器、前后加热器和加湿器,让风机和电锅炉水泵再运转几分钟,然后可以停止。

(2)制冷实验

首先将电源开关打开,向实验台供电,接着将蒸发水箱控温表的温度调整到目标温度(0 ℃就可以),控温表的调整方法是,将控温表下面的小开关扳向右面,然后调节旋钮。调整到目标温度后,再将开关扳到左面,此时控温表显示的温度为蒸发水箱的实际温度(因有损失,温度略显高)。控温表调整好后,用户需观察蒸发水箱和冷凝水箱的水是否充足,如果太少要加水,加水应淹没最上面的铜管,但不可太多,特别是蒸发水箱内,如果水太多,会溢出到蒸发水箱内的铁皮和塑料板之间,严重影响蒸发水箱的保温。然后可以开启冷却塔泵开关,启动冷却塔。关闭阀门2和3,开启阀门1和4,此时无须启动冷水泵,等蒸发水箱内温度降低到控制温度时再启动冷水泵。在开启压缩机前要先打开毛细管电磁阀开关或膨胀法电磁阀开关,然后启动压缩机。压缩机启动后不要轻易停止,一方面频繁启停会损伤压缩机,另一方面,当压缩机开启后,其进出口压力会出现明显不同,当中途停止压缩机时,由于进出口压力不平衡,就无法再启动压缩机了,只有等到进出口压力平衡后才可以再启动,而进出口压力平衡需要几十分钟的时间。等压缩机正常运转后,蒸发水箱内的温度开始降低,等蒸发水箱内的温度降低到3 ℃左右时,开始实验。首先打开房间盘管电磁阀开关和表冷器电磁阀开关,然后启动冷水泵和风机,待稳定后采集数据。通过调节排风,回风,新风风门的大小和冷水泵后阀门的大小(控制水量)来进行不同工况下的实验。

实验结束后,关闭压缩机、冷水泵、冷却塔,开启排风和新风风门,让风机再运行10分钟,原因是风道内有水蒸气和水珠。最后关闭电源。

(3)软件操作

首先打开已安装的软件,进入操作主界面,然后点击菜单栏的"设置"菜单,如附图2所示。设置菜单包括采集通道设置和现场调试,每一个子菜单又包括巡检仪和采集卡。

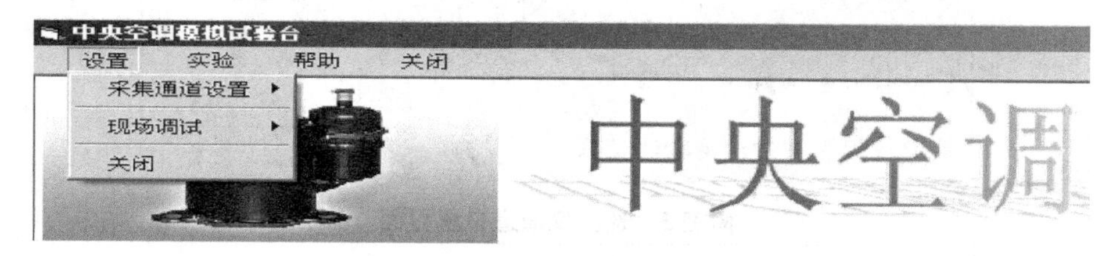

附图2　设置菜单

点击巡检仪通道设置选项,出现附图3所示的界面。附图3为巡检仪通道设置界面。在此界面上有通信的一些基本设置,还有各个通道号和该通道所对应的名称。此界面的通道号为厂家已经设置好的,用户最好不要改动,否则容易出错。

点击采集卡通道设置选项,出现附图4所示的界面。附图4为采集卡通道设置界面,左面显示的是采集卡的1到10通道的名称,右面是采集卡所接受的电压范围。此界面的通道号为厂家已经设置好的,用户最好不要改动,否则容易出错。

在做实验前,要先保证计算机能进行正常的数据采集,也就是检查通讯是否正常。点击现场调试→巡检仪现场调试选项,出现附图5所示的界面。点击启动按钮,稍等片刻,显示界面上会出现通道号和相应于各个通道的数据,这表示通讯正常,用户就可以进行正常的实验了。如果界面上仅仅显示通道号,对应于各个通道的数据都为零,或者出现别的情况,说明通信发生异常,需要检查。或者是通讯连接线没有插好,或者是计算机后面的通讯端口选择错误,或者是实验台没有供电等。

点击现场调试→采集卡现场调试选项,出现附图6所示的界面。此界面有两个功能,一个是用户调试采集卡能否正常采集数据,另一个功能是通过采集卡来控制压缩机、锅炉、水泵和风机等的开关。点击下方的开始采集按钮,可以看到上面的空白框内有数据出现,点击右面的开关,可以在电脑上直接启动压缩机和水泵等设备。注意:如果想通过电脑开关各个设

现场数据通讯设置

注：用户可根据自己的需要，设置测量各个参数的通道。本软件预先设置好了各个通道号，如果用户没有熟练掌握本软件，请不要修改通道号，否则容易出现错误！

巡检仪表采集设定区

房间内温度测量通道：	1	表冷器进水温度测量通道：	12
房间内湿度测量通道：	2	压缩机吸气温度测量通道：	13
新风温度测量通道：	3	压缩机排气温度测量通道：	14
新风湿度测量通道：	4	节流阀前温度测量通道：	15
混合风温度测量通道：	5	节流阀后温度测量通道：	16
混合风湿度测量通道：	6	通讯端口号：	Com1
表冷器后温度测量通道	7	通讯波特率：	9600
表冷器后湿度测量通道：	8	仪表设备地址：	4
送风温度通道：	9	巡检表读数命令：	****************
送风湿度测量通道：	10	备用[开发人员设定]：	***
表冷器出水温度测量通道：	11		

欢迎使用中央空调试验测试系统　存 储 [S]　关 闭 [C]

附图 3　巡检仪通道设置界面

采集卡通道设置

注：用户可根据自己的需要，设置测量各个参数的通道。本软件预先设置好了各个通道号，如果用户没有熟练掌握本软件，请不要修改通道号，否则容易出现错误！

采集卡采集通道设定区

压缩机电压测量通道：	1	变送器变送输出范围：	1 -- 5 V
压缩机电流测量通道：	2	变送器变送输出范围：	1 -- 5 V
锅炉加热电压测量通道：	3	变送器变送输出范围：	1 -- 5 V
锅炉加热电流测量通道：	4	变送器变送输出范围：	1 -- 5 V
表冷器前加热电压通道：	5	变送器变送输出范围：	1 -- 5 V
表冷器前加热电流通道：	6	变送器变送输出范围：	1 -- 5 V
表冷器后加热电压通道：	7	变送器变送输出范围：	1 -- 5 V
表冷器后加热电流通道：	8	变送器变送输出范围：	1 -- 5 V
水文丘里压差测量通道：	9	变送器变送输出范围：	1 -- 5 V
风笛形管压差测量通道：	10	变送器变送输出范围：	1 -- 5 V

存 储 [S]　关 闭 [C]

附图 4　采集卡通道设置界面

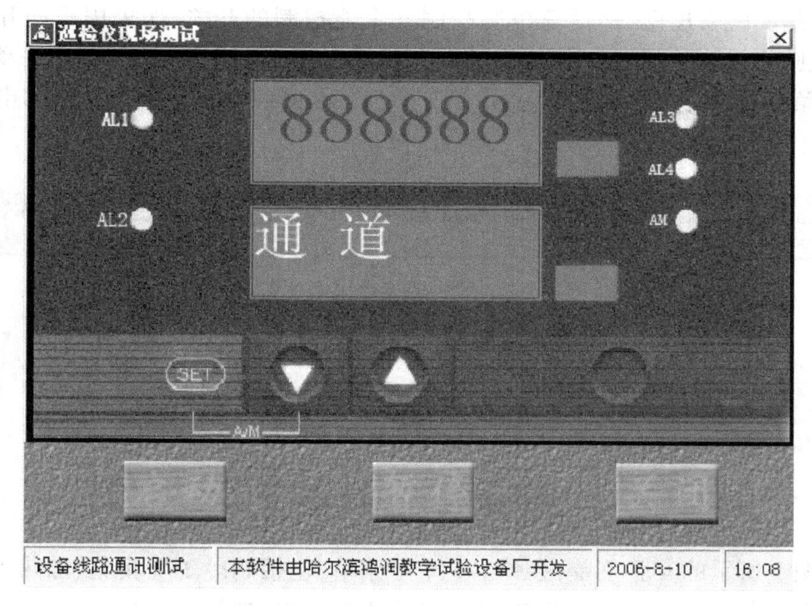

附图5　巡检仪现场调试界面

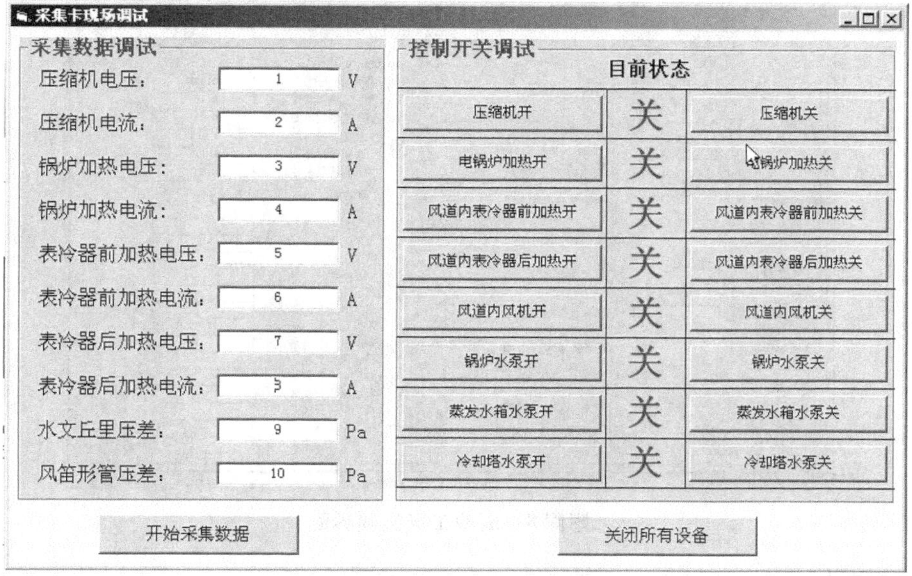

采集卡现场调试

采集数据调试

压缩机电压：	1	V
压缩机电流：	2	A
锅炉加热电压：	3	V
锅炉加热电流：	4	A
表冷器前加热电压：	5	V
表冷器前加热电流：	6	A
表冷器后加热电压：	7	V
表冷器后加热电流：	8	A
水文丘里压差：	9	Pa
风笛形管压差：	10	Pa

控制开关调试

	目前状态	
压缩机开	关	压缩机关
电锅炉加热开	关	电锅炉加热关
风道内表冷器前加热开	关	风道内表冷器前加热关
风道内表冷器后加热开	关	风道内表冷器后加热关
风道内风机开	关	风道内风机关
锅炉水泵开	关	锅炉水泵关
蒸发水箱水泵开	关	蒸发水箱水泵关
冷却塔水泵开	关	冷却塔水泵关

开始采集数据　　关闭所有设备

附图6　采集卡现场调试界面

备,那么只需给实验台送电,然后靠电脑控制各个能控制的开关,如果用手动开启了某个设备,那么用电脑将无法关闭它。同理,如果是用电脑开启了某个设备,那么用手动也无法关闭它。如果在操作的过程中出现异常,点击下方的“关闭所有设备”按钮,所有的电脑控制的设备都会关闭。

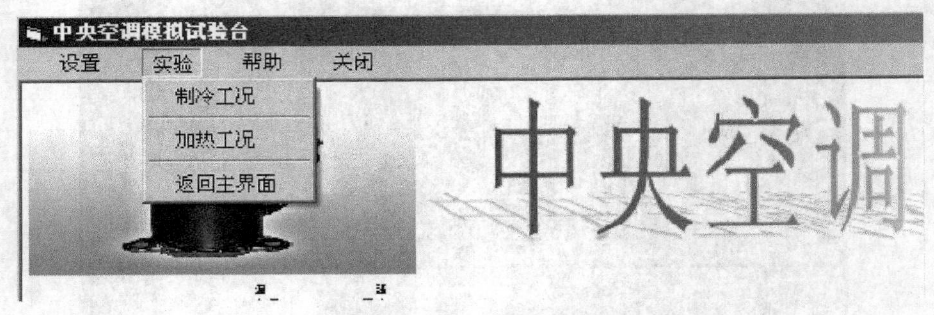

附图 7　开始实验菜单界面

点击附图 7 所示的实验菜单,会弹出 3 个子菜单,包括制冷工况实验、加热工况实验和返回主界面。点击制冷工况实验子菜单,进入制冷工况实验,如附图 8 所示。

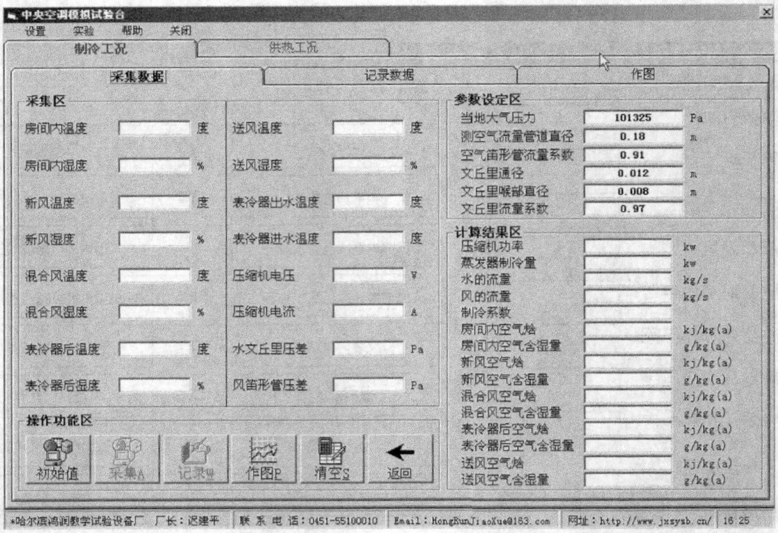

附图 8　制冷工况实验界面

附图 8 为制冷实验界面,在开始实验时,首先要点击“初始值”按钮,进行初始值测量,在点击“初始值”按钮前,应保证风机、冷水泵和热水泵都关闭。进行初始值测量的原因是,由于压力传感器和流量传感器的系统误差，在整个实验台还没有开始实验时，其测量值仍然不为零，因此，我们要进行修正，所以要进行初始值的数据采集。采集完初始值后，就可以进行正常的实验了。如果忘记了采集初始值，那么可以停下风机和水泵，等稳定片刻，然后采集初始值。注意：初始值采集时一定要关闭风机和水泵，不可在实验进行的过程中（没有停止风机和水泵的情况下）来采集初始值。

采集完初始值后，开启冷却塔、毛细管电磁阀、表冷器电磁阀和房间盘管电磁阀、压缩机，等温度降低后再开启冷水泵，待工况稳定后进行采集数据和记录数据。做完各个工况下的实验后，点击记录数据界面下的保存按钮，将数据保存为Excel格式，存在目标盘或桌面上。最后可以在作图界面上进行作图，要作的图形和图形的起始坐标由用户自己选择和调整，十分方便。

供热实验与制冷实验相同，不再详述。另外，在帮助菜单中有实验指导书和软件操作的帮助，用户只需点击就可以看到它们的Word格式。

附录4 饱和水蒸气压力表(按压力排列)

压力 P	饱和温度	比容		焓		汽化潜热 r
	t_s	饱和水 ν'	饱和蒸汽 ν''	饱和水 h'	饱和蒸汽和 h''	
/MPa	/℃	/(m^3/kg)	/(m^3/kg)	/(kJ/kg)	/(kJ/kg)	(kJ/kg)
0.001 0	6.982	0.001 000 1	129.208	29.33	2 513.8	2 484.5
0.002 0	17.511	0.001 001 2	67.006	73.45	2 533.2	2 459.8
0.003 0	24.098	0.001 002 7	45.668	101.00	2 545.2	2 444.2
0.004 0	28.981	0.001 004 0	34.803	121.41	2 554.1	2 432.7
0.005 0	32.90	0.001 005 2	28.196	137.77	2 561.2	2 423.4
0.006 0	36.18	0.001 006 4	23.742	151.50	2 567.1	2 415.6
0.007 0	39.02	0.001 007 4	20.532	163.38	2 572.2	2 408.8
0.008 0	41.53	0.001 008 4	18.106	173.87	2 576.7	2 402.8
0.009 0	43.79	0.001 009 4	16.206	183.28	2 580.8	2 397.5
0.010 0	45.83	0.001 010 2	14.676	191.84	2 584.4	2 392.6
0.015 0	54.00	0.001 014 0	10.025	225.98	2 598.9	2 372.9
0.020	60.09	0.001 017 2	7.651 5	251.46	2 609.6	2 358.1
0.025	64.99	0.001 019 9	6.206 0	271.99	2 618.1	2 346.1
0.030	69.12	0.001 022 3	5.230 8	289.31	2 625.3	2 336.0
0.040	75.89	0.001 026 5	3.994 9	317.65	2 636.8	2 319.2
0.050	81.35	0.001 030 1	3.241 5	340.57	2 646.0	2 305.4
0.060	85.95	0.001 033 3	2.732 9	289.93	2 653.6	2 293.7
0.070	89.96	0.001 036 1	2.365 8	376.77	2 660.2	2 283.4
0.080	93.51	0.001 038 7	2.087 9	391.72	2 666.0	2 274.3
0.090	96.71	0.001 041 2	1.870 1	405.21	2 671.1	2 265.9
0.100	99.63	0.001 043 4	1.694 6	417.51	2 675.7	2 258.2
0.12	104.81	0.001 047 6	1.428 9	439.36	2 683.8	2 244.4

续表

压力 P	饱和温度 t_s	比容		焓		汽化潜热 r
		饱和水 ν'	饱和蒸汽 ν''	饱和水 h'	饱和蒸汽和 h''	
/MPa	/℃	/(m^3/kg)	/(m^3/kg)	/(kJ/kg)	/(kJ/kg)	(kJ/kg)
0.14	109.32	0.001 051 3	1.237 0	458.42	2 690.8	2 232.4
0.16	113.32	0.001 054 7	1.091 7	475.38	2 696.8	2 221.4
0.18	116.93	0.001 057 9	0.977 75	490.70	2 702.1	2 211.4
0.20	120.23	0.001 060 8	0.885 92	504.7	2 706.9	2 202.2
0.25	127.43	0.001 067 5	0.718 81	535.4	2 717.2	2 181.8
0.30	133.54	0.001 073 5	0.605 86	561.4	2 725.5	2 164.1
0.35	138.88	0.001 078 9	0.524 25	584.3	2 732.5	2 148.2
0.40	143.62	0.001 083 9	0.462 42	604.7	2 738.5	2 133.8
0.45	147.92	0.001 088 5	0.413 92	623.2	2 743.8	2 120.6
0.50	151.85	0.001 092 8	0.374 81	640.1	2 748.5	2 108.4
0.60	158.84	0.001 100 9	0.315 56	670.4	2 756.4	2 086.0
0.70	164.96	0.001 108 2	0.272 74	697.1	2 762.9	2 065.8
0.80	170.42	0.001 115 0	0.240 30	720.9	2 768.4	2 047.5
0.90	175.36	0.001 121 3	0.214 84	742.6	2 773.0	2 030.4
1.0	179.88	0.001 127 4	0.194 30	762.6	2 777.0	2 014.4
1.1	184.06	0.001 133 1	0.077 39	781.1	2 780.4	1 999.3
1.2	187.96	0.001 138 6	0.163 20	798.4	2 783.4	1 985.0
1.3	191.60	0.001 143 8	0.151 12	814.7	2 786.0	1 971.3
1.4	195.04	0.001 148 9	0.140 72	860.1	2 788.4	1 958.3
1.5	198.28	0.001 153 8	0.131 65	844.7	2 790.4	1 945.7
1.6	201.37	0.001 158 6	0.123 68	858.6	2 792.2	1 933.6
1.7	204.30	0.001 163 3	0.116 61	871.8	2 793.8	1 922.0
1.8	207.1	0.001 167 8	0.110 31	884.6	2 795.1	1 910.5
1.9	209.79	0.001 172 2	0.104 64	896.8	2 796.4	1 899.6
2.0	212.37	0.001 176 6	0.099 53	908.6	2 797.4	1 888.8

附录5　铜－镍铜热电偶分度特性表

测量端温度/℃	0	1	2	3	4	5	6	7	8	9
	热电势/mV									
-90	-3.089	-3.118	-3.147	-3.177	-3.206	-3.235	-3.264	-3.293	-3.321	-3.350
-80	-2.788	-2.818	-2.849	-2.879	-2.909	-2.939	-2.970	-2.999	-3.029	-3.059
-70	-2.475	-2.507	-2.539	-2.570	-2.602	-2.633	-2.664	-2.695	-2.726	-2.757
-60	-2.152	-2.185	-2.218	-2.250	-2.283	-2.315	-2.348	-2.380	-2.412	-2.444
-50	-1.819	-1.853	-1.886	-1.920	-1.953	-1.987	-2.020	-2.053	-2.087	-2.120
-40	-1.475	-1.510	-1.544	-1.579	-1.614	-1.648	-1.682	-1.717	-1.751	-1.785
-30	-1.121	-1.157	-1.192	-1.228	-1.263	-1.299	-1.334	-1.370	-1.405	-1.440
-20	-0.757	-0.794	-0.830	-0.867	-0.903	-0.940	-0.976	-1.013	-1.049	-1.085
-10	-0.383	-0.421	-0.458	-0.496	-0.534	-0.571	-0.608	-0.646	-0.6983	-0.720
-0	-0.000	-0.039	-0.077	-0.116	-0.154	-0.193	-0.231	-0.269	-0.307	-0.345
0	0.000	0.039	0.078	0.117	0.156	0.195	0.234	0.273	0.312	0.351
10	0.391	0.430	0.470	0.510	0.549	0.589	0.629	0.669	0.709	0.749
20	0.789	0.830	0.870	0.911	0.951	0.992	1.032	1.073	1.114	1.155
30	1.196	1.237	1.279	1.320	1.361	1.403	1.444	1.486	1.528	1.569
40	1.611	1.653	1.695	1.738	1.780	1.822	1.865	1.907	1.950	1.992
50	2.035	2.078	2.121	2.164	2.207	2.250	2.294	2.337	2.380	2.424
60	2.467	2.511	2.555	2.599	2.643	2.687	2.731	2.775	2.819	2.864
70	2.908	2.953	2.997	3.042	3.087	3.131	3.176	3.221	3.266	3.312
80	3.357	3.402	3.447	3.493	3.538	3.584	3.630	3.676	3.721	3.767
90	3.813	3.859	3.906	3.952	3.998	4.044	4.091	4.137	4.184	4.231
100	4.277	4.324	4.371	4.418	4.465	4.512	4.559	4.607	4.654	4.701
110	4.749	4.796	4.844	4.891	4.939	4.987	5.035	5.083	5.131	5.179
120	5.227	5.275	5.324	5.372	5.420	5.469	5.517	5.566	5.615	5.663
130	5.712	5.761	5.810	5.859	5.908	5.957	6.007	6.056	6.105	6.155
140	6.204	6.254	6.303	6.353	6.403	6.452	6.502	6.552	6.602	6.652
150	6.702	6.753	6.803	6.853	6.903	6.954	7.004	7.055	7.106	7.156
160	7.207	7.258	7.309	7.360	7.411	7.462	7.513	7.564	7.615	7.666
170	7.718	7.769	7.821	7.872	7.924	7.975	8.027	8.079	8.131	8.183
180	8.235	8.287	8.339	8.391	8.443	8.495	8.548	8.600	8.652	8.705
190	8.757	8.810	8.863	8.915	8.968	9.021	9.074	9.127	9.180	9.233
200	9.286	9.339	9.392	9.446	9.499	9.553	9.606	9.659	9.713	9.767
210	9.820	9.874	9.928	9.982	10.036	10.090	10.144	10.198	10.252	10.306
220	10.360	10.414	10.469	10.523	10.578	10.632	10.687	10.741	10.796	10.851
230	10.905	10.960	11.015	11.070	11.125	11.180	11.235	11.290	11.345	11.401
240	11.456	11.511	11.566	11.622	11.677	11.733	11.788	11.844	11.900	11.956
250	12.011	12.067	12.123	12.179	12.235	12.291	12.347	12.403	12.459	12.515
260	12.572	12.628	12.684	12.741	12.797	12.854	12.910	12.967	13.024	13.080
270	13.137	13.194	13.251	13.307	13.364	13.421	13.478	13.535	13.592	13.650

附录6 镍铬－考铜热电偶分度特性表

工作端温度/℃	0	1	2	3	4	5	6	7	8	9
	单位:mV									
-50	-3.11									
-40	-2.50	-2.56	-2.62	-2.68	-2.74	-2.81	-2.87	-2.93	-2.99	-3.05
-30	-1.89	-1.95	-2.01	-2.07	-2.13	-2.20	-2.26	-2.32	-2.38	-2.44
-20	-1.27	-1.33	-1.39	-1.46	-1.52	-1.58	-1.64	-1.70	-1.77	-1.83
-10	-0.64	-0.70	-0.77	-0.83	-0.89	-0.96	-1.02	-1.08	-1.14	-1.21
-0	-0.00	-0.06	-0.13	-0.19	-0.26	-0.32	-0.38	-1.45	-0.51	-0.58
+0	0.00	0.07	0.13	0.20	0.26	0.33	0.39	0.46	0.52	0.59
10	0.65	0.72	0.78	0.85	0.91	0.98	1.05	1.11	1.18	1.24
20	1.31	1.38	1.44	1.51	1.57	1.64	1.70	1.77	1.84	1.91
30	1.98	2.05	2.12	2.18	2.25	2.32	2.38	2.45	2.52	2.59
40	2.66	2.73	2.80	2.87	2.94	3.00	3.07	3.14	3.21	3.28
50	3.35	3.42	3.49	3.56	3.63	3.70	3.77	3.84	3.91	3.98
60	4.05	4.12	4.19	4.26	4.33	4.41	4.48	4.55	4.64	4.69
70	4.76	4.83	4.90	4.98	5.05	5.12	5.20	5.27	5.34	5.41
80	5.48	5.56	5.63	5.70	5.78	5.85	5.92	5.99	6.07	6.14
90	6.21	6.29	6.36	6.43	6.51	6.58	6.65	6.73	6.80	6.87
100	6.95	7.03	7.10	7.17	7.25	7.32	7.40	7.47	7.54	7.62
110	7.69	7.77	7.84	7.91	7.99	8.06	8.13	8.21	8.28	8.35
120	8.43	8.50	8.53	8.65	8.73	8.80	8.88	8.95	9.03	9.10
130	9.18	9.25	9.33	9.40	9.48	9.55	9.63	9.70	9.78	9.85
140	9.93	10.00	10.08	10.16	10.23	10.31	10.38	10.46	10.54	10.61
150	10.69	10.77	10.85	10.92	11.00	11.08	11.15	11.23	11.31	11.38
160	11.46	11.54	11.62	11.69	11.77	11.85	11.93	12.00	12.08	12.16
170	12.24	12.32	12.40	12.48	12.55	12.63	12.71	12.79	12.87	12.95
180	13.03	13.11	13.19	13.27	13.36	13.44	13.52	13.60	13.68	13.76
190	13.84	13.92	14.00	14.08	14.16	14.25	14.34	14.42	14.50	14.58
200	14.66	14.74	14.82	14.90	14.98	15.06	15.14	15.22	15.30	15.38
210	15.48	15.56	15.64	15.72	15.80	15.89	15.97	16.05	16.13	16.21
220	16.30	16.38	16.46	16.54	16.62	16.71	16.79	16.86	16.95	17.03
230	17.12	17.20	17.28	17.37	17.45	17.53	17.62	17.70	17.78	17.87
240	17.95	18.03	18.11	18.19	18.28	18.36	18.44	18.52	18.60	18.68
250	18.76	18.84	18.92	19.01	19.09	19.17	19.26	19.34	19.42	19.51
260	19.59	19.67	19.75	19.84	19.92	20.00	20.09	20.17	20.25	20.34
270	20.42	20.50	20.58	20.66	20.74	20.83	20.91	20.99	21.07	21.15
280	21.24	21.32	21.40	21.49	21.57	21.65	21.73	21.82	21.90	21.98
290	22.07	22.15	22.23	22.32	22.40	22.48	22.57	22.65	22.73	22.81

附录7 镍铬-铜镍(镰铜)热电偶分度表

工作端温度/℃	0	1	2	3	4	5	6	7	8	9
	单位:uV									
0	0	59	118	176	235	294	354	413	472	532
10	591	651	711	770	830	890	950	1 010	1071	1 131
20	1 192	1 252	1 313	1 373	1 434	1 495	1 556	1 617	1 678	1 740
30	1 801	1 862	1 924	1 986	2 047	2 109	2 171	2 233	2 295	2 357
40	2 420	2 482	2 545	2 607	2 670	2 733	2 795	2 858	2 921	2 984
50	3 048	3 111	3 174	3 238	3 301	3 365	3 429	3 492	3 556	3 620
60	3 658	3 749	3 813	3 877	3 942	4 006	4 071	4 136	4 200	4 265
70	4 330	4 395	4 460	4 526	4 591	4 656	4 722	4 788	4 853	4 919
80	4 985	5 051	5 117	5 183	5 249	5 315	5 382	5 448	5 514	5 581
90	5 648	5 714	5 781	5 848	5 915	5 982	6 049	6 117	6 184	6 251
100	6 319	6 386	6 454	6 522	6 590	6 658	6 725	6 794	6 862	6 930
110	6 998	7 066	7 135	7 203	7 272	7 341	7 409	7 478	7 547	7 616
120	7 658	7 754	7 823	7 892	7 962	8 031	8 101	8 170	8 240	8 309
130	8 379	8 449	8 519	8 589	8 659	8 729	8 799	8 869	8 940	9 010
140	9 081	9 151	9 222	9 292	9 363	9 434	9 505	9 576	9 647	9 718
150	9 789	9 860	9 931	10 003	10 074	10 145	10 217	10 288	10 360	10 432
160	10 503	10 575	10 647	10 719	10 791	10 863	10 935	11 007	11 080	11 152
170	11 224	11 297	11 365	11 412	11 514	11 587	11 660	11 733	11 805	11 878
180	11 951	12 024	12 097	12 170	12 243	12 317	12 390	12 463	12 537	12 610
190	12 684	12 757	12 831	12 904	12 978	13 052	13 126	13 199	13 273	13 347
200	13 421	13 495	13 569	13 644	13 718	13 792	13 866	13 941	14 015	14 090
210	14 164	14 239	14 313	14 388	14 463	14 537	14 612	14 687	14 762	14 837
220	14 912	14 987	15 062	15 137	15 212	15 287	15 362	15 438	15 513	15 588
230	15 664	15 739	15 815	15 890	15 966	16 041	16 117	16 193	16 269	16 344
240	16 420	16 496	16 572	16 648	16 724	16 800	16 876	16 952	17 028	17 104
250	17 181	17 257	17 333	17 409	17 468	17 562	17 639	17 715	17 792	17 868
260	17 945	18 021	18 098	18 175	18 252	18 328	18 405	18 482	18 559	18 636

参 考 文 献

[1] 周强泰. 锅炉原理[M]. 北京:中国电力出版社,2009.9.

[2] 辛洪祥. 锅炉运行与事故处理[M]. 南京:东南大学出版社,2004.12.

[3] 王世昌. 锅炉原理实验指导书[M]. 北京:中国水利出版社,2010.1.

[4] 李慧宇,邹同华. 制冷与空调实验教程[M]. 天津:天津大学出版社,2010.3.

[5] 李平舟,武颖丽,吴兴林. 基础物理实验[M]. 西安:西安电子科技大学出版社,2007.2.

[6] 周留萍. 工业热工设备及测量[M]. 上海:华东理工大学出版社,2007.2.

[7] 郑贤德. 制冷原理与装置[M]. 北京:机械工业出版社. 2008.8.

[8] 羊爱平,徐南波. 制冷空调技能实训[M]. 广州:暨南大学出版社社,2005.8.

[9] 史美中. 热交换器原理与设计[M]. 南京:东南大学出版社,2009.6.

[10] 余建祖. 换热器原理与设计[M]. 北京:北京航空航天大学出版,2006.1.

[11] 曹玉璋,印绪光. 实验传热学[M]. 北京:国防工业出版社,1998.6.

[12] 辛长平. 制冷设备运行管理与维修[M]. 北京:电子工业出版社,2004.9.